科一普一经一典　成一才一宝一典

李毓佩◎著

中国科普作家协会　鼎力推荐

少儿科普
名人名著书系
SHAOER
KEPU
MINGREN
MINGZHU
SHUXI
典藏版

有理数
无理数之战

U0265171

长江出版传媒　长江少年儿童出版社

打开"科学阅读"这扇窗

成长中不能没有书香,就像生活里不能没有阳光。

阅读滋以心灵深层的营养,让生命充盈智慧的能量。

伴随着阅读和成长,充满好奇心的小读者,常常能够从提出的问题及所获得的解答中洞悉万物、了解世界,在汲取知识、增长智慧、激发想象力的同时,也得以发掘科学趣味、增强创新意识、提升理性思维,获得心智的启迪和精神的享受。

美国科学家、诺贝尔物理学奖获得者理查德·费曼晚年时曾深情地回忆起父亲给予他的科学启蒙:孩提时,父亲常让费曼坐在他腿上,听他读《大不列颠百科全书》。一次,在读到对恐龙的身高尺寸和脑袋大小的描述时,父亲突然停了下来,说:"我们来看看这句话是什么意思。这句话的意思是,它是那么高,高到足以把头从窗户伸进来。不过呢,它也可能遇到点麻烦,因为它的脑袋比窗户稍微宽了些,要是它伸进头来,会挤破窗户的。"

费曼说:"凡是我们读到的东西,我们都尽量把它转化成某种现实,从这里我学到一种本领——凡我所读的内容,我总设法通过某种转换,弄明白它究竟是什么意思,它到底在说什么……当然,我不会害怕真的会有那么个大家伙进到窗子里来，我不会这么想。但是我会想，它们竟然莫名其妙地灭绝了，而且没有人知道其中的原因，这真的非常、非常有意思。"可以想见，少年费曼的科学之思就是在科学阅读之中、在父亲的启发之下，融进了自己的大脑。

DNA 结构的发现者之一、英国科学家弗朗西斯·克里克的父母都没有科学基础，他对于周围世界的知识，是从父母给他买的《阿森·米儿童百科全书》获得的。这一系列出版物在每一期中都包括艺术、科学、历史、神话和文学等方面的内容，并且十分有趣。克里克最感兴趣的是科学。他汲取了各种知识，并为知道了超出日常经验、出乎意料的答案而洋洋得意，感慨"能够发现它们是多么了不起啊"。

所以，克里克小小年纪就决心长大后要成为一名科学家。可是，渐渐地，忧虑也萦绕在他心头：等我长大后（当时看来这是很遥远的事），会不会所有的东西都已经被发现了呢？他把这种担心告诉了母亲，母亲安抚他说："别担心！宝贝儿，还会剩下许多东西等着你去发现呢！"后来，克里克果然在科学上获得了重大发现，并且获得了诺贝尔生理学或医学奖。

一个人成长、发展的素养，通常可以从多个方面进行考量。我认为，最核心的素养概略说来是两种：人文素养与科学素养。

前些年在新一轮的课标修订中，突出强调了一个新的概念——"核心素养"。

什么是"核心素养"？即学生在接受相应学段的教育过程中，逐步形成的适应个人终身发展和社会发展需要的基本知识、必备品格、关键能力和立场态度等方面的综合表现。核心素养不等同于对具体知识的掌握，但又是在对知识和方法的学习中形成和内化的，并可以在处理各种理论和实践问题过程中体现出来。

这里，我们不从学理上去深究那些概念。我想着重指出的是：

少年儿童接受科学启蒙意义非凡。单就科学阅读来说，这不仅事关语言和文字表达能力的培养，而且与科学素养的形成与提升密切相连。特别是，通过科学阅读，少年儿童的认知能力、想象能力和创造能力等都能得到滋养和发展，可为未来的学习打下良好的智力基础。

现代素质教育十分看重孩子想象力和创造力的培育。国家领导人也发出号召：要让孩子们的目光看到人类进步的最前沿，树立追求科学、追求进步的志向；展开想象的翅膀，赞赏创意、贴近生活、善于质疑，鼓励、触发、启迪青少年的想象力，点燃中华民族的科学梦想。

想象力、创造力的形成和发展，又与科学思维密切相关。早在一个多世纪之前的1909年，美国著名教育家约翰·杜威就提出，科学应该作为思维方式和认知的态度，与科学知识、过程和方法一道纳入学校课程。长期以来，人们一直也希望孩子们不仅要学习科学知识与技能，掌握科学方法，而且要内化科学精神和科学价值观，理解和欣赏科学的本质，形成良好的科学素养。

在所有的课程领域中，科学可能是发现问题和解决问题之重要性的最为显而易见的一个领域。科学对少年儿童来说具有其特殊的作用，因为可以从生活与自然中很巧妙地利用孩子们内在的好奇心和生活经历来了解周围世界。

今天的学校里，大多都设置了科学课程，且其重点和目标也由过去的强调传授基础知识和基本技能，转向了对科学研究过程的了解、情感态度和价值观以及科学素养的培养，以期为孩子们后续的科学学习、为其他学科的学习、为终身学习和全面发展打下基础。

除学校的科学课程之外，孩子们了解科学，通常主要是在家长的引导下开展科学阅读。这无疑也是培养少年儿童科学兴趣并提升其科学素养的一条有效途径，家长们应该予以重视，不要以为孩子们在学校里上了科学课，科学的"营养"就够了。著名教育家朱永新曾经把教科书形容为母乳，并总结出读书的孩子可以分为四种，值得我们深思：

一种既不爱读教科书，又不爱读课外书，必然愚昧无知；

一种既爱读教科书，又爱读课外书，必然发展潜力巨大；

一种只读教科书，不读课外书，发展到一定阶段必然暴露自身缺陷和漏洞；

一种不爱读教科书，只爱读课外书，虽然考试成绩不理想，但是在升学、就业受阻后，完全可能凭浓厚的自学兴趣，另谋出路。

这番总结似可昭示我们，阅读能力更能准确地预测一个人未来的发展走向，同时显出了课外阅读的重要性。这样看来，读物的选择与阅读的引导就非常关键了。

"昨天的梦想，就是今天的希望和明天的现实。"许多成就卓著的科学家和科技工作者，都是在优秀的科普、科幻作品的熏陶与影响下走进科学世界的。好的科学读物可以有效地引导科学阅读，激发读者的好奇心和阅读兴趣，乃至产生释疑解惑的欲望，进而追求科学人生，实现自己的梦想。

为致敬经典、普及科学，长江少年儿童出版社在中国科普作家协会的指导和支持下，精心谋划组织，隆重推出了"少儿科普名人名著"书系，产生了广泛的社会影响：入选国家新闻出版总署2009年（第六次）向全国青少年推荐的百种优秀图书，荣获第二届中国出版政府奖图书奖。此次全新呈现的典藏版，除了收录老版本中的经典作品外，还甄选纳入一批优秀的科普作品，丰富少儿读者的阅读。

书页铺展开我们认识世界的一扇扇窗，也承载我们的梦想起航。愿书系的少年读者们，在阅读中思考，在思考中进步，在进步中成长！

尹传红

Contents · 目录

数学童话故事

有理数无理数之战

一

　　小毅的小脑袋瓜里整天琢磨着数学问题。一天晚上，他正在一道又一道地演算数学题，忽然听到屋后砰砰啪啪响起枪声。

　　"深更半夜，哪来的枪声？"小毅爬上屋后的小山一看，哎呀！山那边摆开了战场，两军对垒打得正凶。一方的军旗上写着"有理数"，另一方的军旗上写着"无理数"。

　　小毅记得老师讲过：整数和分数合在一起，构成了有理数；无理数是无限不循环小数。

　　"奇怪，有理数和无理数怎么打起仗来了？"

　　小毅攀着小树和藤条，想下山看个究竟。突然，从草丛中跳出两个侦察兵,不容分说就把他抓起来。小毅一看,这两个侦察兵胸前都佩着胸牌:一个上面写着"2";另一个上面写着"$\frac{1}{3}$"。噢,他们都是有理数。

"你们为什么抓我?"小毅喊着。

"你是无理数,是个奸细!"侦察兵气势汹汹地说。

"我不是无理数,我是人!"小毅急忙解释。

侦察兵不听他的申辩,非要带小毅去见他们的司令不可。

小毅问:"你们的司令是谁?"

"大名鼎鼎的整数1!"侦察兵骄傲地回答。

"那么多有理数,为什么偏偏让1当司令呢?"小毅不明白。

侦察兵$\frac{1}{3}$回答说:"在我们有理数当中,1是最基本、最有能力的。只要有了1,别的有理数都可以由1造出来。比如2吧,2=1+1;我是$\frac{1}{3}$,$\frac{1}{3} = \frac{1}{1+1+1}$;再比如0,0=1-1。"

小毅被带进1司令所在的一间大屋子里。这里有许多被捉的俘虏,屋子的一头,摆着一架X光机模样的奇怪机器。

"押上一个!"1司令下命令。

两个士兵押着一个被俘的数字走上机器。只见荧光屏啪的一闪,显示出"20502"。

"整数,我们的人。"1司令说完,又下令押上另一个。荧光屏显示为"$\frac{355}{133}$"。

"分数,也是有理数,是你们的人!"小毅憋不住地插嘴。司令满意地点点头。接着又一个数字被押上去,荧光屏上显示出"0.35278=$\frac{35278}{100000}$"。

"有限小数,有理数,是你们的人!"小毅继续说。

接着押上的一个在荧光屏上显示出"0.787878……=$\frac{78}{99}$"。

"也是你们的人。"小毅兴奋地说,"循环小数,可以化成分数的。"

这时,又有一个俘虏被两个士兵硬拉上机器,荧光屏啪的一闪,出现"1.414……=$\sqrt{2}$"。不等小毅开口,1 司令厉声喝道:"奸细,拉下去!"这个无理数立刻被拖走了。接着荧光屏显示出一个数"0.1010010001……"。

"这是……循环小数吧?"小毅还没说完,那个数猛地从机器上跳开想逃跑,却被士兵重新抓住。

"这是个无限不循环小数,是个无理数!"1 司令说道。小毅因为识别错了,脸都红了。这时,两个士兵请小毅站到机器上,荧光屏立刻出现一个大字"人"。

"实在对不起!"1 司令抱歉地说,"到客厅坐坐吧!"

小毅问 1 司令为什么要和无理数打仗。1 司令叹了口气说:"其实,这是迫不得已的。前几天,无理数送来一份照会,说他们的名字不好听,要求改名字。"

"要改成什么名字?"

"要把有理数改成'比数',把无理数改成'非比数'。"1 司令说,"我想,千百年来人们都这么叫,已经习惯了,何必改呢,就没有答应。谁知他们蛮不讲理,就动起武来了。"

小毅试探着问："我来为你们调停调停好吗？无理数的司令是谁呢？"

"是π。"1司令答道，"我们也愿意协商解决这个问题。"

小毅来到无理数的军营。他问π司令为什么非要改名不可，π司令说："我们和有理数同样是数，为什么他们叫有理数，而我们叫无理数呢？我们究竟哪点儿无理？"说着，π司令激动起来。

小毅问："那当初，为什么给你们起这个名字呢？"

"那是历史的误会。"π司令说，"人类最先认识的是有理数。后来人们发现无理数时，对我们还不理解，觉得我们这些数的存在好像没有道理似的，因此取了'无理数'这么个难听的名字。可是现在，人们已经充分认识我们了，应该给我们摘掉'无理'这顶帽子才对！"

"那你们为什么要叫'非比数'呢？"

"你知道有理数和无理数最根本的区别吗？"π司令解释说，"凡是有理数，都可以化成两个整数之比；而无理数，无论如何也不能化成两个整数之比。"

小毅觉得π司令说得有道理，就点了点头，又试探着问："那么，能不能想办法和平解决呢？"

π司令见他诚心诚意，就说："有一个好办法，但需要你帮忙。"

"我一定尽力！"小毅答道。

π司令高兴得一把拉住小毅的手："你回家后，给数学学会写一封信，把我们的要求转达给国际数学组织，请他们发个通知，把有理数和无理数改为比数和非比数。只要人类承认了，有理数也不能不答应。"

小毅答应回去试一试。他一面往家走，一面在心里嘀咕：要是数学家们不同意可怎么办呢？

二

一个月过去了，小毅也没回信，π司令等不及了，又发兵攻打有理数。

1司令得到情报不敢怠慢，赶忙领兵相迎。两军摆好了阵势，1司令登高一看，哎呀，无理数可真多呀！只见无理数阵中一个方队接着一个方队，枪炮如林，军旗似海，一眼望不到头。

1司令心中暗想：无理数人多，我们人少，要是硬打硬拼，怕不是对手。我必须这样做……

1司令给π司令下了一道战书，书中提出要和π司令较量刀法，在两军阵前来个单打独斗。π司令满口答应。

三声炮响，两军阵中战鼓咚咚，军号齐鸣，1司令和π司令各自走出阵来。π司令紧握一口宝剑，寒光闪闪，锋利无比；1司令手持一口厚背大砍刀，力大刀沉。两位司令行罢军礼，也不搭话，π司令举剑便刺，1司令挥刀相迎，两人就杀在一起了。双方的官兵，摇旗呐喊，擂鼓助威。

两位司令厮杀了足有半个多钟头，不分胜负。π司令越杀越勇，利剑像雪片一样上下飞舞，1司令渐渐不支了。突然，π司令大喊一声："看剑！"利剑像闪电一样劈了下来，1司令竟也不躲闪，只听得咔嚓一声，被π司令从当中劈成两半。无理数官兵欢声四起，喊声雷动，为π司令力劈1司令叫好。

π司令正扬扬得意，忽听"看刀"，话音刚落，π司令的左右腿各挨了一刀。他低头一看，大惊失色：地上被劈成两半的 1 司令不见了。只见两个个头只有 1 司令一半高的矮小军官，各举一把小砍刀向他杀来。

π司令用剑架住两把刀，厉声问道："你们是何人？敢来暗算本司令！"

两个矮小军官齐声回答："我们俩都是 $\frac{1}{2}$，看我们刀的厉害！"

π司令一边招架，一边问："我和 1 司令比试武艺，你们两个来干什么？"

两个 $\frac{1}{2}$ 齐声回答："1 司令分开就是我们俩，我们俩合起来就是 1 司令。你少啰唆，看刀！"两个 $\frac{1}{2}$ 一左一右举刀砍来。π司令不敢怠慢，挥剑和两个 $\frac{1}{2}$ 打在了一起。

打了有半个多钟头，π司令大喊一声："看剑！"只见唰唰两剑，又把 $\frac{1}{2}$ 各劈成两半。π司令急忙低头查看，只见每半个 $\frac{1}{2}$ 在地上打了一个滚儿，站起来变成个头更矮的 $\frac{1}{4}$ 了。四个 $\frac{1}{4}$ 把π司令团团围在当中。

又打了有半个多钟头，π司令又大喊一声："看剑！"利剑在空中画了个圆圈，把四个 $\frac{1}{4}$ 都拦腰斩成两段。结果又出现了八个 $\frac{1}{8}$ 把π司令围住。

π司令又累又急，脑袋上的汗都下来了。八把小刀从八个方向砍杀过来。π司令顾东顾不了西，顾南顾不了北，身上已挨了好几刀。

π司令想：我不能再砍他们了。我再砍一次，他们就会变出十六个 $\frac{1}{16}$，我更招架不住了。π司令不敢恋战，杀出一条血路，撒腿就往无理数的阵地跑。

八个$\frac{1}{8}$也不追，他们手拉手往中间一靠，呼的一声，又变成1司令了。1司令望着π司令逃走的背影，哈哈大笑。有理数阵中欢呼跳跃，不断呼喊1司令的名字："1司令！1司令！"

无理数军中连日高挂"免战牌"。π司令伤势稍好，就连忙召集将校军官开会，商量对策。

π司令说："1司令的刀法虽说不很高超，但这分身之法可十分了得。一劈变俩，再劈变四个，越劈越多，杀不尽，斩不绝呀！如何对付是好？愿听各位高见！"

$\sqrt{2}$参谋长发言："π司令上次交战，每次都把对方一劈两半。不料1司令擅长分身术，越分越多。但是不管怎么分，加在一起总还等于1。我们何不发挥自己的优势呢？"

π司令忙问："什么优势？"

$\sqrt{2}$参谋长说："我们无理数是无限不循环小数，我们就使用'无限'这一绝招儿！"

π司令又问："怎么个用法？"

$\sqrt{2}$参谋长说："上次我在阵前观看，发现1司令的身长是有规律的：头占全身长度的$\frac{1}{10}$，而头皮又占全头的$\frac{1}{10}$。π司令，您下次再战时，想办法把1司令的脑袋砍下来，紧接着把头皮砍下来，接着再砍下头皮的$\frac{1}{10}$，这样越砍越小无限地砍下去。由于剩下来的部分凑不成1，因此也就变不成1司令了。军中无帅，一打便败。我们乘势掩杀，可一举得胜。"π司令听罢大喜，立刻传令出战。

1司令和π司令行过军礼,也不搭话,各举刀、剑杀在一起。杀了足有一个钟头。π司令大喊一声:"看剑!"宝剑直奔1司令的脖子砍去,1司令躲闪不及,咕噜一声,脑袋被砍掉在地上。π司令不敢怠慢,一剑砍下头皮,又砍下头皮的$\frac{1}{10}$,这样手不停地一直砍下去,每次都砍下$\frac{1}{10}$。

$\sqrt{2}$参谋长看到计划获得成功,正要下令发起冲锋。就在此时,只见1司令剩下的部分自动地合在一起,唰的一变,又变成了1司令,笑呵呵地站在那里。

π司令大惊,问1司令:"我这儿还不停地砍着你呢,你怎么又活了?"

1司令冷笑了一声,说:"你只想到无理数会使用'无限'这一绝招儿。你忘了我们有理数中也有无限循环小数啦。"

1司令说:"你砍下我的头,剩下$\frac{9}{10}$,也就是0.9;砍下我的头皮,又剩下0.09;再砍去$\frac{1}{10}$,剩下0.009。你可以无限地砍下去,但是剩下的部分合在一起是:

$$0.9+0.09+0.009+\cdots\cdots$$
$$=0.999\cdots\cdots$$
$$=1$$

所以我又活了。"

π司令听罢1司令的话,自知不是1司令的对手,急忙下令退兵。无理数后队变前队,撤回自己的疆土。

独闯野狼窝

夜探狗熊寨

一大早，小鹿和山羊就去找小猴。

山羊说："小猴，一群大狗熊在森林的东边建起了一个狗熊寨。"

小鹿接着说："他们霸占一方，谁也不许经过！"

小猴听完之后，噌噌两下就蹿上树梢，手搭凉棚往东边看了看，说："狗熊寨是由大木头建造的，非常结实。门口还有狗熊守卫，看守得挺严。"

小鹿着急地问："那怎么办？"

小猴想了想，说："白天恐怕进不去。我要来

个夜探狗熊寨,看看里面有什么花样!"

夜里,森林里不断传出猫头鹰的叫声。一条黑影噌的一声蹿到了狗熊寨的门口。不用问,这是小猴探寨来了。

小猴设法打开了寨门。他发现里面的房子还真多,一间大房子里还亮着灯,小猴决定先去那间大房子看看。

小猴溜到大房子跟前,扒着窗户往里看。看见熊寨主正在给几只狗熊布置任务。

熊寨主说:"我们要独霸整个大森林!"

几只狗熊摩拳擦掌,应和着说:"对!独霸大森林!"

熊寨主指着一只狗熊说:"二狗熊,明天你去向森林里的每一个动物收取保护费。谁敢不给,你就打!你就抢!"

听到这儿,小猴非常生气。他随口说道:"简直是一帮强盗!"尽管小猴说的声音很小,还是被二狗熊听见了。

二狗熊一指窗外,叫道:"外面有人偷听!"

熊寨主说:"什么人如此大胆?大家去给我抓回来!"

几只狗熊嗷的一声狂叫,立刻冲了出去。小猴哪敢怠慢,撒腿就跑。

"你哪里跑?""快追!"狗熊们追了上来。

小猴正往前跑,只觉得脚下一软,扑通一声就掉进了陷阱里。

"哈哈,看你还往哪儿跑!"二狗熊说,"咱们先去睡觉,明天一早再来抓他!"

小猴想:我不能在陷阱里等死啊!我要看看有什么出路没有。这时,月亮升起来了。小猴借助月光仔细观察周围的一切,忽然,他发现在陷阱的底部有一个圆形的大盘子，大盘子的边上有 13 个电钮，其中有一个大电钮。小猴趴在大盘子上仔细察看，发现上面有字：

从大电钮开始，大电钮算 0，顺时针方向数电钮，数到 100000 时，按动那个电钮，你将得救！

"我的妈呀，要数到十万次！"小猴摇摇头说，"数完了，天也亮了，我也跑不了啦！要想个好办法。"

小猴边想边绕着大盘子转圈，边转边自言自语："我转一圈，数了 13 个电钮；我再转一圈，就数了两次 13 个电钮……对于我要找的电钮来说，这些整数圈都是白转！"

小猴双手一拍，说："我看看在这 100000 次中，一共白转了多少圈。做个除法就可以知道。"说完就写出：$100000 \div 13 = 7692 \cdots\cdots 4$。

"哈哈，"小猴高兴地说，"我要真的一个一个地去数，就白数了 7692 圈！实际上，我从大电钮开始，往下数 4 个电钮就是要找的电钮。"他很快就找到了那个电钮，按了一下，大盘子慢慢地向上升起，不一会儿就把小猴送出了陷阱。

小猴噌的一声跳了出去。他想：天一亮，二狗熊就要收保护费了，我得赶紧通知森林里的动物们，让他们做好准备。想到这儿，小猴一溜烟跑出了狗熊寨。

天亮了，二狗熊急急忙忙向熊寨主报告："不好啦！昨晚掉进陷阱里的那个奸细跑了！"

熊寨主吃惊地叫道："啊，这还了得！"

二探狗熊寨

天亮了,二狗熊来到老山羊家。

二狗熊说:"喂,老山羊,为了保护你的安全,你每月要交200元的保护费!"

老山羊双手背在后面,慢腾腾地迈着方步,不紧不慢地说:"我不需要保护,我也不交什么保护费!"

二狗熊两眼一瞪,叫道:"反了你了,老山羊!看我怎么收拾你!"说完就要动武。

"你敢动武!"随着一声呐喊,小兔、小鹿手拿武器冲了进来。老山羊也从背后拿出了大木棒。

二狗熊一看这阵势,知道打起来自己一定吃亏。他恶狠狠地说:"好!你们等着,我告诉熊寨主去!"说完转身就跑。

"哈哈,二狗熊跑喽!"小兔、小鹿和老山羊都高兴极了。

小猴噌的一声跳了进来，对大家说："大家还不能高兴得太早，熊寨主决不会善罢甘休的。"

小兔紧张地问："那怎么办？"

小猴小声地对大家说："咱们要这样……"大家都点头说好。

小猴拉了一车野果子来到狗熊寨。

守门的狗熊问："猴子，你来干什么？"

小猴说："我是主动来交保护费的。"守门的狗熊带着小猴去见熊寨主。

熊寨主看了看车上的野果子，点点头说："嗯，小猴子，你主动来交保护费，说明你很聪明。不过，你交来的都是一些野果子，不好吃呀！"

小猴解释说："好吃的都在野果子下面呢！"

熊寨主高兴地说："快拿出来看看！"

小猴一摆手："慢着！你先告诉我，狗熊寨有多少只狗熊。我先把好吃的给你们分好了，免得狗熊们由于分配不均打架。"

"嗯……"熊寨主犹豫了一下，说，"这可是个秘密！"

小猴晃了晃脑袋，说："不告诉我人数，我可分不了。到时候狗熊们打起来，我可不负责任。"

熊寨主想了想，说："这样吧！我出一道题，你来算一下。狗熊数就在答案里。"

小猴点点头说："你出吧！"

熊寨主说："有一次我们狗熊寨的全体成员和狼、虎、豹、狐狸在一起开大会，总人数不超过 300。知道狼占 $\frac{1}{3}$，虎占 $\frac{1}{4}$，豹占 $\frac{1}{6}$，狐狸

占 $\frac{1}{8}$。你算算我们狗熊一共有多少只。"

小猴算了一下,说:"你们狗熊有 36 只。"

熊寨主点头说:"真让你蒙对了!"

一箱大马蜂

熊寨主对小猴说:"你既然知道一共有多少只狗熊了,快把好吃的拿出来吧!"

小猴笑了笑,说:"莫着急!"说完从车子下面搬出一个大箱子。

小猴说:"来啦! 这一箱子是好吃的。"

二狗熊擦着嘴角流下来的口水,说:"我好像闻到香味了!"

"请吃吧!"小猴打开大箱子,一大群野蜂呼的一声从箱子里飞了出来,围着狗熊就蜇。

二狗熊捂着脑袋,大叫:"疼死我啦! 救命!"

熊寨主边跑边叫:"快跑吧! 咱们上了猴子的当了!"

小猴站在房顶上,高兴得又蹦又跳:"使劲蜇! 使劲蜇! 蜇死这些称王称霸的大狗熊!"

突然,房顶裂开了一个大口子,小猴扑通一声掉了进去。很快,大口子又自动合上了。小猴在屋里转了一个圈儿,想看看哪儿能出去。他发现,屋里的窗都关得严严的,哪个也拉不开。

小猴一屁股坐在地上,说:"看来我是出不去了!"

这时，一只小蜜蜂从门缝钻了进来，围着小猴嗡嗡乱转。小猴对小蜜蜂说："你围着人家乱转，烦不烦哪！"

小蜜蜂停下来，说："烦？我比你还烦呢！蜂王让我酿造1千克蜂蜜，我到现在也不知道应该采多少花蜜。"

"这样吧！"小猴对小蜜蜂说，"我帮你算出应该采多少花蜜，你想办法把我救出这间屋子。"

"一言为定！"小蜜蜂高兴地围着小猴飞了一圈，说，"我采的花蜜含有70%的水分，而蜂蜜只含有17%的水分。蜂王让我酿造1千克蜂蜜，我应该采多少花蜜？"

小猴说："1千克的蜂蜜中，含有170克水和830克纯蜜，而1千克花蜜中只含30%的纯蜜。所以830÷30%≈2770(克)=2.77(千克)，你需要采2.77千克的花蜜。"

"谢谢你！你等着，我去找人来救你！"说完小蜜蜂钻了出去。

没过一会儿，老山羊、小鹿、小兔拿着工具赶来了。他们砸开门，把小猴救了出来。

小猴问："狗熊呢？"

老山羊说："狗熊都让野蜂蜇跑了，我们也把狗熊寨给拆了！"

小猴高兴地说："拆得好！"

勇闯"鬼狐阵"

天一亮,森林里就传出老白兔和老山鸡的哭声。

老白兔哭着对大家说:"昨天晚上小白兔没有回家。"

老山鸡抹着眼泪说:"我的小山鸡丢了两天啦!"

老山羊站出来,对大家说:"听说狐狸在西边设了一个'鬼狐阵',谁不小心走了进去,就别想出来!"

小猴在一旁说:"有这么厉害? 明天我一定去见识见识。"

老山羊嘱咐说:"一定要多加小心!"

第二天,小猴来到了"鬼狐阵"前,只见在一棵大树上钉着一块牌子,牌子上写着:

> 我这里有白、红、绿三种颜色的萝卜。其中白萝卜和红萝卜合在一起有16根,红萝卜比绿萝卜多7根,绿萝卜比白萝卜多5根。你要吃白萝卜请往前一直走;你要吃红萝卜请往左走;你要吃绿萝卜请往右走。但是,只有你找到的萝卜是这三种萝卜中根数最多的萝卜,而且要知道比其他两种萝卜多几根时,你才能够吃到。不然的话,后果自负!

小猴看着牌子,自言自语道:"看来首先要把三种萝卜都算出来,不然的话,后果将不堪设想。弄不好还会让狐狸给吃了!"

小猴想:牌子上写着,红萝卜比绿萝卜多7根,而绿萝卜又比白

萝卜多5根,显然是红萝卜最多,白萝卜最少。

"我要设最少的白萝卜有x根,这时绿萝卜就有$x+5$根,红萝卜就有$(x+5)+7=x+12$(根)。"小猴要用方程来解,"由于白萝卜和红萝卜加起来有16根,可以列出方程求解:

$$x+(x+12)=16,$$
$$2x+12=16,$$
$$x=2。$$

小猴一拍手说:"算出来啦!白萝卜2根,绿萝卜7根,红萝卜14根。照牌子上写的,应该往左走才能吃到红萝卜。这次我偏往前走,看看你狐狸要什么花招!"说完径直往前走。

此时,狐狸手里拿着一把刀子正藏在大树后面。

真假萝卜

狐狸见小猴走过来，跳出来举刀就要砍。小猴身子一闪，然后立刻朝另外的方向逃跑。小猴在前面跑，狐狸举着刀子在后面追。狐狸边追边喊："小猴子，你往哪里逃？"

小猴在前面说："狐狸，你追不上我！"

小猴心想：我往左边跑，看看能不能吃到萝卜。想到这儿，他转身就往左边跑。

小猴远远地看见地上长着一个大红萝卜。小猴说："嘿，还真有红萝卜！我过去看看。"

小猴跑到红萝卜旁，双手揪住萝卜缨用力往外拔。红萝卜是拔出来了，小猴定睛一看，原来是个假萝卜。小猴知道上当了，刚想离开，却已经来不及了。地上的一个绳套，一下子就把小猴的双脚捆住了。

小猴叫道："不好，中埋伏了！"话音刚落，绳套通过树杈往上一提，就把小猴头朝下地拉到了半空中。

狐狸嘿嘿一阵冷笑，从树后面走了出来，点着头说："好，好，昨天捉了一只兔子，今天抓了一只猴子，天天有收获。"

"嘻嘻！"小猴也笑了，说，"想捉住我？没那么容易！"说着就利用那根绳子，在空中荡起了秋千，越荡越高。

狐狸抬着头，看着小猴的表演，心想：小猴在玩什么把戏？

小猴荡到足够的高度，双手抓住一枝大树杈，一翻身就坐了上去。

少儿科普名人名著书系

小猴边解脚上的绳套,边问狐狸:"小白兔和小山鸡是不是都被你吃了?"

狐狸伸出舌头,舔着嘴唇说:"一天吃一只,好日子喽!好解馋喽!"

小猴被狐狸的这番话激怒了,他从树上跳了下来,照着狐狸的前胸猛踹一脚,把狐狸踹得在地上翻了两个跟头。

狐狸捂着前胸,倒在地上痛苦地叫道:"哎哟,疼死我喽!"

小猴指着狐狸说:"踹死你这个坏狐狸!"说完直接往右边走去。

小猴说:"我再去右边看看有什么花招。"他往右没走多远,就见路中间立着一块大木板,挡住了去路。木板上写着几行字:

要想让木板移开,必须在下面的括号中填上合适的数,使得乘积的最后 4 位数字都是 0,而且填的应该是满足条件的最小的数。

$$975 \times 935 \times 972 \times (\qquad)$$

小猴想:这 3 个乘数末位数都不是 0,要想出现 0 必须是 2 和 5 相乘。所以,我首先来看一下,这 3 个乘数中含有多少个 2 和 5 的因数。对,先把这 3 个数作因数分解:

$$975 = 3 \times 5 \times 5 \times 13$$

$$935 = 5 \times 11 \times 17$$

$$972 = 2 \times 2 \times 3 \times 3 \times 3 \times 3 \times 3$$

"好啦!"小猴说,"要求乘积的最后 4 位数都是 0,需要有 4 个 2 和 4 个 5 才行。这里只有 2 个 2 和 3 个 5,缺少 2 个 2 和 1 个 5。我给它补上就行了，2×2×5=20，满足条件的最小的数是20！"

小猴在括号中刚刚填上20，只听呼的一声，一个铁笼子从头顶的树上落下来，正好把他扣在里面。

"哈哈，看你小猴子往哪儿跑！"狐狸也不知从哪儿钻了出来。

被困笼中

小猴被扣在笼子里。狐狸围着笼子转了一圈，嘿嘿笑了两声，说："你逃得过初一，躲不过十五！看来今天我要吃一顿猴子肉了。"

"呸！"小猴在笼子里向狐狸吐了一口唾沫，说，"想得美！你抓得着我吗？"

"看我抓得着抓不着！"说着狐狸就把两手伸进笼子里，想抓小猴。小猴噌的一声蹿了起来，两手抓住笼子上面的铁棍，跑到上面去了。

狐狸连蹿带跳，大声叫道："我要吃你！"

小猴在上面说："门儿都没有！"

狐狸看来是没有希望抓住小猴了。他恶狠狠地说："你等着，我去把'鬼狐阵'的其他几只狐狸找来，我们从几个方向同时抓你，看你往哪儿跑！"说完就走。

"回来！"小猴叫住了狐狸。

狐狸问："什么事？"

小猴说："你先告诉我，你们一共有几只狐狸，我看抓我够不够数。"

狐狸摇晃着脑袋说："这可是我们'鬼狐阵'天大的秘密！反正你在这儿等死也没事，我给你出道题让你解解闷儿。如果你能算出来，就可以知道我们有几只狐狸啦！"

小猴说："你快说吧！"

狐狸倒背着双手，边走边说："前几天有 3 个老猎人各带了同样多的子弹来打猎。他们弹无虚发，每人打死了 2 只兔子、1 只狼和 1 只猴子。"

"瞎说！"小猴打断了狐狸的话，说，"不是 1 只猴子，是 1 只狐狸！"

狐狸愣了一下，说："噢，噢，也许是我记错了。3 个猎人剩下的子弹总和，恰好等于他们出来时一个人所带子弹的数目。这一个人带的子弹数就等于我们狐狸数。"

小猴点点头说："也就是说，只要有一个猎人遇到你们这群狐狸，一枪一个，就可以把你们都打死！"

狐狸把眼睛一瞪，说："你要贫嘴，你等着！"说完怒气冲冲地走了。

小猴跳到地上，计算这个题目："每个猎人都打死了 2 只兔子、1 只狼和 1 只狐狸。也就是说，每人打死 4 只，3 个人一共打死了 12 只。

这 12 只仅占猎人所带子弹总数的 $\frac{2}{3}$，可以算出一个猎人带的子弹数为 12÷2=6（颗）。好了，一共有 6 只狐狸。"

突然，小猴听到一个声音说："小猴子，你怎么钻到笼子里玩呀？"这声音把小猴吓了一跳，噌的一声，他又蹿上了笼子顶上。小猴低头寻找谁在说话，发现是小鼹鼠钻进了笼子里。

拨动圆盘

小猴发现原来是小鼹鼠，就从上面跳了下来。

小鼹鼠拉着小猴的手问："你在笼子里玩什么呢？咱俩一起玩好吗？"

小猴解释说："我哪里是在笼子里玩！我是被狐狸扣在里面的。你快把我救出去！"

小鼹鼠说："我先钻出去看看，怎么能把笼子提起来。"说完就钻进土里不见了。

一会儿，小鼹鼠从笼子外面的土里钻了出来。他把笼子上下仔细看了看，然后对小猴说："笼子拴在一根绳子上，绳子的另一头连在一个圆盘上，绳子我拉不动。"

小猴让小鼹鼠去看看，圆盘上写着什么没有。小鼹鼠很快就回来了，递给小猴一张纸条，说："圆盘上有字，还有数。我都抄下来了。给你！"

小猴接过纸条一看,上面写着:

在圆盘上拨出△这个数,铁笼可以自动拉上去。

$4,16,36,64,\triangle,144,196$。

小猴看着这行数,皱着眉头琢磨:要想知道△是多少,必须先找出这行数的规律来。这行数有什么规律呢?小猴看了半天,也没看出个所以然来。

小鼹鼠着急了,催促说:"你快点儿算哪!一会儿狐狸们来了,我就救不了你啦!"

"这个规律还真不好找!"小猴抹了一把头上的汗,在地上算着。

突然,小猴一拍大腿,叫道:"我找到规律了!你看!"小鼹鼠看到地上有几行算式:

$$4=4\times1\times1$$
$$16=4\times2\times2$$
$$36=4\times3\times3$$
$$64=4\times4\times4$$
$$100=4\times5\times5$$
$$144=4\times6\times6$$
$$196=4\times7\times7$$

小鼹鼠看着地上的算式,佩服极了。他说:"你看这些算式多有规律!等号右边竖着看,第一列全是4,第二列和第三列都是从1按顺序排到7。"

小猴问："你说,△应该是几？"

小鼹鼠立刻回答："应该是100！"

小猴对小鼹鼠说："你在圆盘上拨一次1,再拨两次0。"

"好的！"小鼹鼠爬到圆盘前,拨了个100。呼的一声,笼子被提了上去。

"好啊！我得救喽！"小猴拉住小鼹鼠的手说,"谢谢你救了我。"

这时狐狸的叫声传来："那个小猴子在哪儿？别让他跑了！""关在笼子里呢,他跑不了！"

6只狐狸走到近前一看："啊,小猴跑了！"

领头的一只狐狸下令："快追！"

蒙面抢劫

一大早,老山羊急匆匆跑来对小猴说："不好啦！我的小山羊被劫持了。"

小猴忙问："是谁干的？"

老山羊回答："是两个蒙面的家伙！"

小猴又问："临走时,他们说了什么没有？"

老山羊从怀里掏出一张纸条,说："他们留下这张纸条,要求两天之内按纸条上的电话号

码给他们打电话。"

小猴看见纸条上写着一行字：

2*AAAA*2，这个 6 位数可以被 9 整除。

老山羊着急地说："可是电话号码是多少，并不知道啊！"

小猴说："你别着急，这个电话号码可以算出来。"

老山羊摇摇头说："6 位数只有两位知道，4 位不知道，这可怎么算？"

小猴说："如果一个数能够被 9 整除，它的各位数字之和必定是 9 的倍数。"小猴接着写出：

$$2+A+A+A+A+2=4+4\times A=4\times(1+A)$$

小猴分析说："$4\times(1+A)$ 必定是 9 的倍数，而 4 不是 9 的倍数，可以肯定 $1+A$ 必定是 9 的倍数。"

老山羊频频点头："分析得有理。由于 A 是一位数，$1+A=9$，A 必然等于 8。电话号码是 288882。"

"哇，你的分析能力提高得真快啊！"小猴竖起大拇指夸奖老山羊。

老山羊拿起电话立刻拨通了 288882："喂，我是老山羊，你们快放了我的儿子！"

电话听筒里传来恶狠狠的声音："放了你的儿子？必须拿 100 元钱来赎！否则，我们就把你的儿子当午餐吃了。哈哈……"

"呜呜……"老山羊放下电话就哭了，说，"我哪有那么多钱？我儿子非死不可了！"

小猴安慰老山羊说："你先别着急，咱们一起想想办法。"

小猴背着手转了三圈。他停下来问："他们说要吃小山羊，说明他们是猛兽。你看他们的样子像狼，像老虎，像熊，还是像狐狸？"

老山羊说："我看像狼！"

小猴凑到老山羊的耳边，小声说了几句。老山羊连连点头说："好！好！"

交钱的学问

老山羊抓起电话，拨了号码288882。对方粗声粗气地问："老山羊，你想好了吗？"

老山羊回答说："想好了，我保儿子的性命要紧。我把100元钱分成四份，分东、南、西、北四个地方交给你们。行吗？"

对方说："行，行，只要给钱，分八个地方交也成啊！你先告诉我，每个地方交多少钱？"

老山羊说："嗯……北边交的钱数加上4，南边交的钱数减去4，东边交的钱数乘以4，西边交的钱数除以4，结果都相等。"

"就这样吧！到时候不把钱送到，你的儿子就没命啦！"说完咔嗒一声就把电话挂了。

这时，两个强盗开始商量。胖一点儿的强盗说："咱们只有两个人，怎么能同时去四个地方取钱？"

瘦一点儿的强盗想了想，说："这样吧！咱们先把四处钱的数目算出来，哪两个地方钱多，咱俩就先去那两个地方取钱。"

胖强盗竖起大拇指,夸奖说:"还是老弟聪明! 这叫先拿大头,再拿小头。不过,这四处的钱数还需要老弟来算。"

"这点小账难不倒我。"瘦强盗说,"四个地方经过加、减、乘、除之后都相等了,可以设这个相等的数为x。"

胖强盗忙问:"设完x往下怎么办?"

瘦强盗说:"北边的钱数就是$x-4$,南边的钱数就是$x+4$,东边的钱数就是$x \div 4$,西边的钱数就是$x \times 4$。"

"对,对。"胖强盗好像明白了一点,"他说加,你就减;他说减,你就加;他说乘,你就除;他说除,你就乘。可是,往下又该怎么办?"

瘦强盗说:"这四个地方钱数总和是100元,可以列出一个方程:

$$(x-4)+(x+4)+x \div 4+x \times 4=100,$$

$$2x+\frac{x}{4}+4x=100,$$

$$\frac{25}{4}x=100,$$

$$x=16。$$

这样就知道北边有16−4=12(元),南边有16+4=20(元),东边有16÷4=4(元),西边有16×4=64(元)。"

"哈,西边的钱最多,我去西边!"胖强盗见钱眼开。

瘦强盗说:"你去西边,我去南边。"

两人立即行动。

独闯野狼窝

胖强盗一溜小跑，来到了西边。他看见在一棵大树上吊着一个口袋，口袋上写着：内装64元。

胖强盗高兴地说："对，就是它！我把它拿下来。"他向后退了几步，然后来了一个加速跑，噌地往上一跳，伸手去够钱袋。

在胖强盗准备跳的同时，蹲在树上的小猴放下一个绳套，看胖强盗往上一跳，说了声"来得好"，正好将绳套套在胖强盗的脖子上。"啊！"胖强盗被吊在了半空。

再说瘦强盗往南走，来到了一个树洞前，见树洞上写着：里面有20元。

瘦强盗点点头说："就是这儿！我钻进去拿。"说完就钻进了树洞。他刚钻进树洞，老山羊从树后面走了出来，用一块大石头把树洞堵上了。

瘦强盗在里面高喊："让我出去！"

老山羊在外面说："让你出去也容易。第一，要告诉我，你们俩究竟是什么东西。第二，要告诉我，我的儿子现在在哪儿。"

"我说，我说，"瘦强盗说，"我和胖子是两只狼。小山羊现在在野狼窝。"

老山羊一听说自己的儿子在野狼窝，就放声大哭，边哭边说："这下子可完喽！进了野狼窝的羊没有能活着出来的！"

小猴赶到了。他安慰老山羊："不要着急，我去野狼窝探听一下，想办法把小山羊救出来！"

老山羊一把拉住小猴："你不能去！进野狼窝太危险！"

小猴笑笑说："为了救出小山羊，再大的风险我也要去闯一闯！"说完一转身就消失在密林中。

小猴边走边察看，他发现前面有个大山洞，山洞上写着"野狼窝"三个大字。小猴点点头说："就是这儿！"

山洞的大门是关着的，小猴走近一看，发现门上有几行字：

羊×狼×羊狼=狼狼狼

上面算式中，羊和狼各代表一位自然数。问：羊=？ 狼=？ 填对了门自开，填错了你必死！

小猴心想：用羊和狼也能组成一个算式，还要算出数来，真奇怪！

"再难我也要把它算出来！"小猴说，"既然狼代表一位数，我就可以用狼去除等式的两边。"说除就除：

$$\frac{羊×狼×羊狼}{狼}=\frac{狼狼狼}{狼}$$

$$羊×1×羊狼=111$$

而 $$3×37=111$$

$$所以\quad 羊×羊狼=3×37$$
$$羊=3\quad 狼=7$$

小猴把两个数分别填进两个圆圈中，门呼啦一声打开了。

解开密码

小猴进了野狼窝，发现周围静悄悄的。他心想：野狼窝这么大，我到哪里去找小山羊呢？

突然，他想到一个好主意。小猴捏着自己的鼻子学老山羊叫："咩——"这一招儿果然见效，只听一块巨石后面传出小山羊的叫声："咩——"

"小山羊在那儿！"小猴连蹦带跳直奔巨石跑去。

转过巨石，小猴发现小山羊被捆在一根木桩上，旁边有一只恶狼看守着。

怎么办？小猴低头想了一下，然后跑到一块大石头后面"咩——咩——"连叫了几声。

看守小山羊的恶狼听到羊叫，高兴地说："嘿，又有一只羊送上门来！我去把它抓住，留着慢慢吃。"说完直奔大石头而去。

恶狼刚一离开，小猴就跑了过来，对小山羊说："小山羊，我来救你！"

小山羊高兴地说："猴哥，快给我打开锁！"小猴拿起锁一看，立刻傻眼了。

小山羊着急地问："猴哥，你为什么还不给我打开锁？"

小猴摇摇头说："不成啊！这是一个密码锁，不知道密码是打不开的。"

"那怎么办呀？"小山羊急得直要哭。

小猴摸着小山羊的头说："别着急！我问你，你听没听过恶狼说过密码？"

小山羊想了想，说："听过！有一次，恶狼头子来了，他对一只恶狼说，把1，2，3，…，1997，1998这1998个数连在一起，可以得到一个很大很大的数。"

小猴点点头说："对，对，连在一起是一个很大很大的数，这个大数是123456789101112…19971998。密码不会是这个大数吧？"

小山羊说："恶狼头子说，这个大数有几位，密码就是几。"

小猴低着头想了一会儿，说："可以按数的位数多少，分别来求：从1到1998共有9个一位数，90个两位数，900个三位数，999个四位数。合在一起就是：9+2×90+3×900+4×999=6885。"

"好啦！密码是6885，我来开。"小猴迅速地拨动密码，很快就把

密码锁打开了。

小猴和小山羊刚想走，恶狼回来了。恶狼圆瞪着双眼，吼道："原来是你这只猴子捣乱！我饶不了你，看你们往哪里跑！"说着嗷的一声就扑了过来。

小猴说了声"快跑"，拉起小山羊就跑，恶狼在后面追。小猴和小山羊很快就跑出了野狼窝，小猴返身把大门关上，又用密码锁把大门锁上，尽管恶狼在里面又蹦又跳，但是出不了大门。

老山羊把小山羊一把搂在怀里，拉住小猴的手说："没有你的帮助，我的小山羊就没命啦！"

小猴笑了笑，说："和这帮坏蛋斗，是我的责任。"

大蛇吞蛋

小猴抱着一堆野果往家走，路过鸡窝，从鸡窝里传出阵阵的哭声："呜，呜……"

"是谁在哭？"小猴放下野果，钻进鸡窝想看个究竟。他进窝一看，是老母鸡在哭。

小猴问："老母鸡，你哭什么？"

老母鸡擦了擦眼泪，说："这几天总是丢鸡蛋，鸡蛋丢光了，我怎么孵小鸡呀！"

小猴又问："你知道是谁偷的吗？"

"不知道啊！"老母鸡说，"好像他每天都准时来偷蛋。"

　　小猴想了想,说:"这样吧,咱俩躲在暗处,看看究竟是谁偷了你的鸡蛋。"

　　老母鸡点点头说:"好!"两人走出鸡窝,藏在一棵大树的后面。等了好长一段时间,忽然传来哧哧的声音。

　　老母鸡问:"这是什么声音?"

　　"嘘——"小猴示意老母鸡不要说话,然后用手一指,小声说,"来了两条蛇!"老母鸡顺着小猴所指的方向,看见一大一小两条蛇正向鸡窝爬来。

　　走在后面的小蛇问:"走了这么长一段路,怎么还不到?"

　　"嘘——"大蛇低声说,"前面就是鸡窝了。"

　　小蛇又问:"这儿离咱家有多远?"

　　大蛇回答:"不算远,这一段时间,我每天都准时到这儿偷鸡蛋,又准时回家。"

小蛇喜欢刨根问底,他继续问:"不算远,具体是多少米啊?"

大蛇也十分有耐心,他说:"昨天我从家到这儿,速度是每分钟走7米,比标准时间晚到了1分钟;偷吃完鸡蛋,我有劲了,以每分钟9米的速度往家走,结果早到家5分钟。你算算,从家到这儿有多远?"

小蛇很不高兴地说:"昨天我又没吃着鸡蛋,我不会算!"

"哈哈,我吃了鸡蛋,我会算!"大蛇边说边写,"设这个标准时间为x分钟,从家到这儿由于我晚到了1分钟,所以从家到这儿的距离是$7 \times (x+1)$米;而从这儿到家我早到了5分钟,从这儿到家的距离是$9 \times (x-5)$米。这两段距离相等,可以列出方程:

$$7(x+1)=9(x-5),$$

$$7x+7=9x-45,$$

$$2x=52,$$

$$x=26。"$$

"往下我也会算了!"小蛇抢着说,"从家到这儿的距离是$7 \times (26+1)=7 \times 27=189$(米)。瞧,我没吃鸡蛋,也会算啦!"

大蛇笑着说:"今天偷的鸡蛋,你多吃几个。你在这儿等着我,我先进去看看!"

橡皮鸡蛋

大蛇钻进鸡窝,马上又出来了。他惊奇地说:"怎么里面一个鸡蛋也没有?"

小蛇噘着嘴说："准是今天母鸡偷懒，没有下蛋！"

大蛇安慰说："母鸡今天偷懒，明天一定会下蛋。咱们明天再来吃。"

"倒霉！单等我来吃蛋，母鸡就偷懒！"小蛇不情愿地跟着大蛇回去了。

两条蛇走后，小猴和母鸡商量。老母鸡说："怎么办？我躲得过今天，躲不过明天，明天他们还来！"

小猴说："不要着急，我有个好办法！"小猴用橡皮做成一个假鸡蛋，放进鸡窝里，假鸡蛋通过一根细管连接到鸡窝外面的打气筒。

小猴高兴地说："明天让他们尝尝我的橡皮鸡蛋，保证好滋味！"

老母鸡夸奖说："真绝了！"

第二天，两条蛇又准时来了。这次两条蛇一起钻进了鸡窝，大蛇首先发现了橡皮鸡蛋，他高兴地说："好大的鸡蛋哪！哈哈！"张嘴就把假鸡蛋吞了进去。小蛇没吃着，到处找："还有没有大鸡蛋啦？"

小猴听到大蛇把橡皮鸡蛋吞进去了，立刻用打气筒往橡皮鸡蛋里面打气，"哧——哧——"眼看着大蛇的肚子鼓起一个大包。

小蛇惊奇地问："你的肚子怎么鼓起一个大包？"

大蛇得意地说："吃了那么大一个鸡蛋，自然要鼓起一个大包！没事！"

但是，小蛇发现，大蛇的肚子

越鼓越大。小蛇说:"不对呀!你的肚子怎么变得这样大?是不是鸡蛋在你肚子里孵出小鸡啦?"

"疼死我啦!"大蛇在地上一个劲儿地打滚。

小猴走出来对大蛇说:"你今后还敢不敢偷吃鸡蛋了?"

大蛇哀求说:"不敢了,快饶了我吧!"

小猴问:"你每天都偷吃几个蛋?"

大蛇回答说:"我连着4天来偷蛋,从第一天起,每后一天都比前一天多偷吃1个。4天吃到鸡蛋数的乘积等于3024,每天吃多少你自己算吧!"

"好啊!大蛇,肚子都疼成这样了,还出题考我?"小猴说,"我就不怕别人考我,我来给你算。"

小猴说:"这4天偷吃鸡蛋数的乘积等于3024,我就先把3024分解开:

$$3024=2\times2\times2\times2\times3\times3\times3\times7$$
$$=(2\times3)\times7\times(2\times2\times2)\times(3\times3)$$
$$=6\times7\times8\times9$$

你看,这不是分解成4个相邻的自然数之积了吗?"

老母鸡伤心地说:"我明白了,大蛇这4天偷吃我的鸡蛋数为6个、7个、8个、9个。我尽量多生蛋,还是不够他吃的!小猴,你用力打气!"

"好!"小猴又哧哧往大蛇肚子里打气。

大蛇疼得实在受不了啦,他用力一掉头,把连接橡皮鸡蛋的皮管拉断了。"吱——"一股气流从大蛇口中喷出,只见大蛇身体腾空而起,往后飞行了好远一段路程,砰的一声重重地撞在树上,大蛇昏死过去。

"大蛇,大蛇。"小蛇叫了半天,大蛇才缓过劲来。大蛇指着小猴说:"小猴子,你等着,我和你没完!"说完和小蛇一起逃走了。

智斗双蛇

小猴劳累了一天,晚上想好好休息一下。他拉住树条正往树上爬,忽然,他听到树上有人说:"刚回来? 我等你半天啦!"

小猴抬头一望,啊,大蛇盘在树上,脑袋探下来,离他很近了。

小猴噌的一下从树上跳了下来,刚刚站稳,就听背后有人说:"下树干什么? 在上面待着多好!"小猴回头一看,小蛇在地上正等着他呢! 两面夹击,小猴处境很危险。

小猴厉声问道:"你们想怎么样?"

大蛇嘿嘿一阵冷笑,拿出橡皮鸡蛋对小猴说:"我尝过了这个橡皮鸡蛋的好滋味,今天特地让你也尝一尝!"

小猴眼珠一转,笑着说:"原来是这么一件小事,好说好说。要让这个橡皮鸡蛋鼓起来,必须有打气筒。没有打气筒,我把橡皮鸡蛋吃进肚子里,你也打不了气呀!"

大蛇一想,小猴说得也对,就对小猴说:"你把打气筒藏到哪儿去了? 快给我拿出来!"

小猴往东一指,说:"不远,往东走一会儿就到了。跟我走!"说完就要走。

小蛇拦住了小猴的去路，说："慢着！我们俩可没有你小猴子跑得快。你必须告诉我向东走多远，你才能走！"

"好，我告诉你。"小猴说，"有1、2、3三个数字，让你从中挑出任意几个数字，一个行，两个也行，三个也可以。这样可以得到不同的一位数、两位数、三位数。把其中的质数挑出来，按从小到大的顺序排好，所走的米数恰好等于第六个质数。"

小蛇瞪大了眼睛，说："问题这么长，这么难，成心不让人家做！我不会做！"

大蛇从树上爬下来，冲着小蛇嚷道："你不会，还问这么多问题！我告诉你，你先看看一位数中哪个是质数，把它们先挑出来。"

小蛇见大蛇发火了，低下头，喃喃地说："一位数中1、2、3都是质数。"

"胡说！"大蛇的火还挺大，"1不是质数，只有2和3才是质数。"

小蛇接着算："用1、2、3组成的两位数有12、13、21、23、31、32，一共六个。"

大蛇点点头说："对，这其中只有13、23和31是质数，这就有5个质数了。你再排排三位数。"

小蛇说："三位数有123、132、213、231、312、321，也是六个。这六个当中，谁是质数啊？"

大蛇想了想，说："由于1+2+3=6，这六个三位数都可以被3整除，因此这六个三位数都是合数！"

小蛇把头抬得高高的，说："闹了半天，这些数中根本就没有第六

个质数！"小蛇一回头，小猴不见了。

小蛇大叫一声："猴子跑了！"

大蛇怒道："要不是你算得这么慢，我们早让他吃上苦头了！你快给我回去好好学习数学！"

虎大王有请

这天一早，黑熊、狐狸、狼、蛇约好，到虎大王处告状。

威武的虎大王坐在中间的宝座上，问："你们都告谁呀？一个一个地说。"

没想到，告状的动物齐声说道："我们都是来告小猴子的！"

"什么？你们这些猛兽来告一只小猴子？哈哈……"虎大王乐得前仰后合。

狼往前走了一步，说："大王有所不知，小猴子聪明过人，我们谁也斗不过他！"

蛇抹了一把眼泪，说："小猴子骗我吃下橡皮鸡蛋，还往鸡蛋里打气，差点没把我胀死！大王一定要给我做主呀！"

"有这等事？"虎大王从座位上站了起来，命令道，"黑熊和狼，你们俩去传令给小猴子，叫他马上来见我！"

"遵命！"黑熊和狼转身走了出去。

小猴正在树上吃早餐，小松鼠慌慌张张跑来报告："不好啦！小猴子，虎大王要找你算账！"

小猴吃惊地问："有这种事？虎大王为什么要找我？"

小松鼠说："是黑熊、狐狸、狼、蛇集体把你给告了！"

小猴点点头说："我知道了，谢谢你！"说完拿出一张纸条，在上面写了些什么。然后他把纸条贴在树上，一转眼就不见了。

黑熊和狼来到树下，冲树上喊："小猴子，虎大王找你！快下来！"叫了半天，树上没人答应。

黑熊说："小猴子没在树上。"

狼指着树上的纸条："你看,这一定是小猴子留下的纸条。"狼把纸条拿下来,只见上面写着:

我在从这棵树开始,往正东数 m 棵树上休息,去那儿可以找到我。

$$m=[\bigcirc \div \bigcirc \times (\bigcirc + \bigcirc)]-(\bigcirc \times \bigcirc + \bigcirc - \bigcirc)$$

从 1 到 9 不重复地选出 8 个数,分别填进上面的圆圈中,使得 m 的数值尽可能大。

黑熊看着纸条直发愣,他问狼："我说狼大哥,你会算 m 吗?"

狼白了黑熊一眼,没好气地说："我要是会算,不是成小猴子了吗?"

"怎么办?"黑熊没了主意。

"怎么办?拿去给虎大王交差,让虎大王自己算吧!"狼和黑熊扭头去见虎大王。

虎大王见狼和黑熊回来了,却不见小猴子。虎大王问："小猴子呢?"

狼说："报告虎大王,小猴子正在第 m 棵树上睡大觉呢!"

"第 m 棵树?"虎大王糊涂了。

狼把纸条递给虎大王。虎大王看完后,问:"谁会算这个 m?"大家你看看我,我看看你,都不说话。

大蛇扭动了一下身子,说:"咱们当中,只有狐狸二哥头脑发达,除了狐狸二哥,谁还会算?"

虎大王对狐狸说:"你算出m来,我赏你一大块肉!"

狐狸皱着眉头说:"这个问题很复杂,容我好好想一想。"

一泡猴尿

虎大王问狐狸:"这个问题是不是太难了?"

狐狸摇摇头说:"嘿嘿,题目不怕难,有肉能解馋!"

虎大王听了哈哈一乐,说:"我赏你的一块肉,足够你解馋的!"

狐狸指着纸条上的算式:$m=[\bigcirc \div \bigcirc \times (\bigcirc + \bigcirc)]-(\bigcirc \times \bigcirc + \bigcirc - \bigcirc)$,分析说:"要让m尽可能大,首先要让中括号里的数尽量大,同时要让减号后面小括号里面的数尽量小。"

"对!"虎大王说,"只有被减数越大,减数越小,差才能越大。"

大蛇走到狐狸身边,夸奖说:"还是二哥聪明!"

狐狸来神了,他清了清嗓子,说:"要想使中括号里面的数大,中括号里最左边的圆圈里一定要填最大的数9,第二个圆圈要填最小的数1。"

狼插话说:"中括号里第三个圆圈和第四个圆圈也要尽量填大数,一个填7,一个填8。"

狐狸拍了拍狼的肩膀,说:"嘿,狼大哥的数学水平见长!我待会儿把吃剩的肉,分给你点儿!"

狼赶紧点头说:"谢谢狐狸老弟!"

"至于小括号嘛,"狐狸接着算,"小括号里面前三个圆圈尽量填小数,而最后一个圆圈填大数。这样才能保证小括号里的数尽量小。"说着狐狸就把m算出来了:$m=[9÷1×(7+8)]-(2×3+4-6)=131$。

"去吧!"狐狸十分神气地说,"往正东数,小猴子正在第 131 棵树上睡大觉呢!"

虎大王下令:"这次以防万一,你们四个一起去找小猴子!"

"是!"四个家伙答应一声,退了出来。

黑熊找到上次那棵树,从那棵树开始往正东数:"1,2,3,…,130,131。好了!小猴子就在这棵树上。"

狼抬头就想喊小猴,狐狸拦阻说:"慢着!小猴子鬼得很,你一叫他,没准儿他又跑了!"

狼问:"那怎么办?"

狐狸对大蛇说:"你先偷偷地爬上去,把小猴子缠住,别让他跑了。"

"好吧!"大蛇答应一声就往树上爬。

这时,树上的小猴说话了:"睡醒了,撒泡尿!"说着猴尿从天而降,正好淋到了狐狸、狼、黑熊的头上。

狐狸捂着脑袋叫道:"哎呀,撒了我一头猴尿,真臊!"

这时,大蛇缠住了小猴的一条腿,说:"看你往哪儿跑!"

小猴用力一甩腿,说:"去你的吧!"大蛇嗖的一声飞了出去。

大蛇在空中叫道:"呀,我坐飞机啦!"然后啪的一声摔在一块大石头上。

黑熊跑过去一看，说："大蛇摔死啦！"

狐狸对小猴说："小猴子，虎大王派我们来找你，叫你去一趟。"

虎大王发怒

小猴听说虎大王找他，一伸手对狐狸说："既然是虎大王找我，可有书面通知？"

"这……"狐狸眼珠一转，说，"有，有。我出来时忘带了。"

狼和黑熊也一起搭腔："对，对，我们忘带了。"

"忘带了？"小猴晃悠着脑袋说："既然没有通知书，我就不去！"

狐狸憋不住火了，恶狠狠地说："好啊，小猴子，你是敬酒不吃吃罚酒啊！你等着，我让虎大王亲自找你算账！"说完和黑熊、狼转身回去了。

狐狸见到虎大王，哭丧着脸说："小猴子听说您找他，不但不来，还摔死了大蛇，撒我们一头尿！"

"反了，反了！"虎大王从座位上跳了起来，吼道，"我亲自把这个小猴子抓来！"说完带着狐狸、狼和黑熊飞奔到大树下。

虎大王冲着树上高叫："小猴子听着,我虎大王来抓你啦!你快点儿下来!"

狼在一旁帮腔说："快点儿下来!"

只听呼的一声,从树上飞下一块西瓜皮,正好砸在狼的头上。狼"哎哟"一声,捂着脑袋说："砸死我了!"

小猴在树上笑着说："嘻嘻,我吃西瓜,请你吃西瓜皮!"接着,小猴问："虎大王找我干什么?"

虎大王质问："你为什么欺负狐狸、狼、黑熊和大蛇?"

"笑话!"小猴回答说,"他们四个平时专门欺负小动物,干尽了坏事!我还能欺负他们?"

虎大王问："你说他们干尽了坏事,可有证据?"

"当然有,我做过调查!"小猴拿出一个本子,说,"经过我逐户调查,发现有一批案子是他们四个干的。"

虎大王又问："他们各干了多少?"

小猴翻开本子念道："这些案子中,有$\frac{1}{6}$是大蛇干的,有$\frac{1}{5}$是黑熊干的,有$\frac{1}{4}$是狼干的,$\frac{1}{3}$是狐狸干的,最后还剩下 6 个案子嘛……"

虎大王催问："这最后的 6 个案子,究竟是谁干的?"

小猴说："是大森林中权势最高的动物干的!"

虎大王对狐狸说："你会计算,

你给我算算，你们各干了多少坏事？"

"是！"狐狸哆哆嗦嗦地算，"设案子总数为1。这剩下的6个案子所占的份数为：$1-\frac{1}{6}-\frac{1}{5}-\frac{1}{4}-\frac{1}{3}=\frac{1}{20}$，案子总数是 $6\div\frac{1}{20}=120$（件）。"

虎大王把眼睛一瞪，说："你们干了这么多坏事！"

狐狸、狼和黑熊一起跪下："请大王饶命！"

虎拿耗子

虎大王听说四人干了120件坏事，非常生气。他又命令狐狸："你再把你们每个人干了多少坏事算出来！"

"是！"狐狸赶紧算，"大蛇干了 $120\times\frac{1}{6}=20$（件），黑熊干了 $120\times\frac{1}{5}=24$（件），狼干了 $120\times\frac{1}{4}=30$（件），我干了 $120\times\frac{1}{3}=40$（件）。"

虎大王冲狐狸吼道："数你干的坏事最多！"

小猴说："他们干了这么多坏事，虎大王还不惩罚他们？"

虎大王点点头说："嗯，应该惩罚他们！"

狐狸磕头说："虎大王饶命！"

狼和黑熊磕头求饶："我们再也不敢了！"

虎大王怒气未消，说："我罚大蛇3天之内捉100只野鼠！"

狐狸小声说："大蛇被小猴子摔死啦！"

"死了就算了！"虎大王一指黑熊，说，"我罚你3天之内去掰1000

个玉米棒！"

黑熊张着大嘴,傻呵呵地说:"什么? 3 天要掰 1000 个玉米棒? 非累死我不可！"

虎大王又一指狼和狐狸,说:"你们俩干的坏事最多,罚你们 3 天之内给我盖 10 间大房子！"

"啊?"狼和狐狸同时惊叫,"10 间房子? 你宰了我们俩也盖不起来呀！"

虎大王把眼睛一瞪,厉声说道:"谁让你们干坏事了? 这些任务必须 3 天内完成,否则别怪我对你们不客气！"

"是,我们不敢。"狐狸、狼和黑熊一起把头低下。

狐狸眼珠一转,笑着对虎大王说:"大王,小猴子说有一个森林中权势最高的动物也干了 6 件坏事,您为什么不惩罚他呀?"

虎大王说:"我不知道这个动物是谁,如果知道他是谁,我照罚不误！"

狐狸凑近小猴,问:"小猴子,你说的这个动物究竟是谁呀?"

小猴两眼冲天,谁也不看,嘴里念念有词:"此动物,体大,尾长,穿了一身带黑道的花衣裳,头上三横一竖有个'王'。"

虎大王摇摇头说:"这个动物是谁呢?"

狐狸拿来一面镜子,对着虎大王说,"您看看镜子里的是谁?"

虎大王对着镜子仔细一看,叫道:"啊！这个动物不就是我吗?"

狐狸问:"虎大王,您自己干了坏事要不要受到惩罚?"

"嗯……"虎大王迟疑了一下,说,"我干了坏事也照样受罚！大蛇已死,他要捉的 100 只野鼠,我来替他捉。"

"嘿!"小猴笑着说,"人家说狗拿耗子多管闲事,你这虎拿耗子就更是多管闲事啦!"

群鼠出洞

天快黑了,小猴正准备上树睡觉。突然,小鹿急匆匆地跑来,喘着粗气对小猴说:"小猴子,你快跑吧!一大群野鼠要来找你算账!"

"真的?"小猴感到非常奇怪。这时,他看见一大群野鼠正向他扑来,他赶紧上了树。

小鹿拦住了野鼠,问:"小猴子怎么得罪你们了? 你们要找他算账。"

领头的野鼠说:"都是因为他,虎大王一口气咬死了我们20个兄弟。千百年来,从没有听说老虎拿耗子,这次虎大王怎么咬起我们来了?"

小鹿说:"你没问问虎大王,他为什么咬你们?"

"问了。"野鼠说,"虎大王说,小猴子告他干了6件坏事,他要惩罚自己,要在3天之内咬死100只野鼠。这事不是小猴子惹起来的吗?"

突然,一只野鼠往树上一指,说:"你们看,小猴子躲在树上!"

领头的野鼠下令:"大家一起啃树!"这群野鼠立刻围着大树啃起来。不一会儿,大树就被这群野鼠啃倒了。小猴又跳到另一棵树上,野鼠又围着这棵树啃。

野鼠正啃得来劲,忽然,小蛇钻了出来,他张开大口,一口咬住一只野鼠,不一会儿就把野鼠吞进了肚里。

这时,只听嗷的一声,领头的野鼠大叫:"虎大王来咬我们了,快跑吧!"眨眼间,野鼠全跑光了。

虎大王跑过来一看,一只野鼠也没有了。"唉!"他叹了一口气,说,"原来野鼠不知道我咬他们,他们都傻呵呵地等着我咬,我一口气咬死了 20 只。现在可不成了,野鼠见着我就跑,我抓不着他们了,这 100 只野鼠的任务我也完不成啊!"

小蛇爬过来说:"大王不用着急,我正帮您捉呢!您只要再捉□×○只野鼠就够 100 只了。"

虎大王忙问:"这□×○只是多少啊?"

小蛇先在地上写了 4 行算式:

$$\triangle \times \square = 28$$

$$\triangle \times \triangle = 16$$

$$\bigcirc \times \stackrel{\wedge}{\curlywedge} = 15$$

$$\stackrel{\wedge}{\curlywedge} \times \stackrel{\wedge}{\curlywedge} \times \stackrel{\wedge}{\curlywedge} = 27$$

小蛇说:"有这 4 个算式,您就可以算出来啦!"说完就走了。

虎大王看着地上的算式，说："这都是些什么乱七八糟的东西！我一点儿也看不懂！小猴子，你来帮帮忙。"

小猴摇摇头说："你既然有本事当大王，这么容易的题都不会算？对不起，我还忙着呢！"说完三蹦两跳地跑了。

虎大王没办法了，说："只能找狐狸给我算了。狐狸——狐狸——"

"哎——"狐狸跑来问，"虎大王找我有什么事？"

虎大王指着地上的算式说："你给我算出来！"

狐狸抹了一把头上的汗，说："哎哟，我说大王，盖房子都把我累死了，我哪儿还有工夫帮您算题！"

虎大王说："只要你帮我把结果算出来，我就不叫你盖房子了。"

"那可太好了！"狐狸说，"我这就给您算！"

小猴子拿命来

狐狸看着地上的算式，说："这个问题应该从第二个算式开始推。由 $\triangle \times \triangle = 16$，可知 $\triangle = 4$；再由 $\triangle \times \square = 28$，可知，$\square = 7$；由 $\stackrel{\wedge}{\times} \times \stackrel{\wedge}{\times} \times \stackrel{\wedge}{\times} = 27$，知道 $\stackrel{\wedge}{\times} = 3$；再由 $\bigcirc \times \stackrel{\wedge}{\times} = 15$，可得 $\bigcirc = 5$，因此，$\square \times \bigcirc = 7 \times 5 = 35$。"

狐狸摇晃着脑袋，十分得意地说："我给您算出来了，您只要再捉 35 只野鼠就完成任务了。"

虎大王很满意，说："狐狸会计算，好，我免去狐狸盖房子的任务，剩下的活儿由狼来干！"

狼一听这话，咕咚一声仰面倒在地上，叫道："完了！这是要累死我！"

狐狸凑近虎大王，说："您虎大王自愿受罚，代替大蛇捉野鼠。按理说，让您捉个一只半只意思意思就行了。小猴子偏让您捉 100 只野鼠，这是成心难为您啊！"

虎大王点点头说："嗯，是这么个意思。"

狐狸又说："再说，捉老鼠是老猫、大蛇、猫头鹰的事，您虎大王怎么能干这种事呢？"

虎大王开始生气了，说："你说得对。我要去找小猴子算账！"

狐狸看目的已达到，就奸笑着说："您想明白了就好！嘻嘻！"

虎大王快速奔跑，很快就找到了小猴，虎大王嗷的一声吼："小猴子拿命来！"一下子就扑了上去。

小猴不敢怠慢，噌噌两下就爬到树上。小猴坐在树杈上，说："有话好好说，何必动武？"

虎大王质问："你为什么让我堂堂的虎大王去捉小老鼠？"

小猴说："捉老鼠是你自己提出来的。"

"对，是我主动提出来的。"虎大王又问，"为什么要捉 100 只野鼠？"

"嘻嘻！"小猴笑着说："这 100 只野鼠也是你自己提出来的。再说，虎大王捉少了，会让人家笑话的！"

虎大王低头一想："对,我再去找狐狸算账去!"

小鹿在一旁说："这虎大王一点儿准主意也没有!"

黑蛇钻洞

狐狸正在树荫下,看着狼一个人满头大汗地盖房子。

狐狸懒洋洋地说："好好干,3 天盖 10 间房子,要玩命干才行!"

狼看狐狸那得意的样子,气不打一处来。他把钢牙咬得咯咯乱响,说："你狐狸要心眼儿,没有好下场!"

狐狸眯缝着眼睛看着狼,说："有没有好下场我不管,现在享清福是真的!"

狐狸的话还没有说完,只听嗷的一声长吼,声震山林,把狐狸吓得跳了起来。狐狸定了定神,一看,是虎大王来了。

狐狸赶紧鞠躬,说："虎大王来了,我在看着狼盖房子呢!"

虎大王一把揪住狐狸的前胸,厉声问道："你说我捉 35 只野鼠太多,小猴子说当大王的就应该捉那么多!你说,是小猴子在骗我,还是你在骗我啊?"

狐狸哆哆嗦嗦地说："大王饶命!我可不知道!"

虎大王进一步问："你不知道,那么大森林里谁会知道?"

狐狸的眼睛乱眨巴了一阵,说："我看只有见多识广的老山羊才能知道。"

"我找老山羊去！"虎大王带着一股风走了。

虎大王找到了老山羊，一把抓住老山羊，问："你说狐狸和小猴子谁会骗我？"

老山羊十分镇定地说："敢骗虎大王的人，一定是个傻子！"

"对！"虎大王说，"只有不怕死的傻子才敢来骗我！可是怎么才能知道他们两个究竟谁在骗我？"

老山羊说："这个好办！你举行一次智力竞赛，谁输了谁就是傻子！"

"好主意！"虎大王高兴了，说，"今天就举行一次找傻子比赛，由老山羊主持。第一对比赛的是小猴子和小蛇。"

小猴和小蛇走出来，面对面站好，老山羊站在中间。

老山羊清了清嗓子，说："有一条黑蛇全长80厘米，他以$\frac{5}{14}$天爬

少儿科普名人名著书系

行 $7\frac{1}{2}$ 厘米的速度,往一个洞里钻。他的尾巴每天还往后长 11 厘米。问:这条黑蛇需要多少时间才能全部钻进洞里?"

"我来!"小蛇抢先回答,"关于蛇的问题,当然应该由我来答。我先求出黑蛇一天爬行多少厘米:$7\frac{1}{2} \div \frac{5}{14} = 21$(厘米),所用时间是:$80 \div 21 = 3\frac{17}{21}$(天)。我算出来啦!黑蛇需要 $3\frac{17}{21}$ 天才能钻进去。"

"不对!"小猴跳起来说,"小蛇只算了黑蛇往洞里钻,忘记黑蛇还往后长呢!"

老山羊拍拍手说:"小猴说得对!现在请小猴来算这个问题。"

小猴说:"小蛇已经算出黑蛇往洞里钻的速度是 21 厘米每天。减去往后长的速度 11 厘米每天,全部进洞的时间是 $80 \div (21 - 11) = 80 \div 10 = 8$(天)。"

老山羊将小猴的右手高高举起,宣布:"这场比赛,小猴获胜!"

力斗群凶

小蛇刚想溜走,被虎大王一把揪住尾巴。虎大王吼道:"大森林里要你这种傻子有什么用?去你的吧!"说完就把小蛇甩了出去。小蛇在空中划了一道弧线,掉在地上摔死了。

狼拉着黑熊一起走上来。狼说:"我和黑熊一起和你比试。"

"可以。"小猴痛快地答应了。

老山羊开始出题:"黑熊偷来很多玉米,他想把这些玉米藏起来,于是在地上挖了许多坑（见下图）。他想让每一行各坑中玉米数之和恰好都是90个，每一个坑中都要有玉米。还要求每一行的坑中玉米数是连续自然数。问：各坑中要放多少玉米？"

```
        ○
      ○ ○ ○
    ○ ○ ○ ○
  ○ ○ ○ ○ ○
```

狼捅了一下黑熊，说："这是你干的，你一定会放。"

黑熊哭丧着脸说："我黑熊是出了名的又傻又笨，我哪会干这种事？这是老山羊瞎编的。老狼，你会吗？"

狼摇摇头说："我也不会，让小猴子放吧！"

小猴说："做题要从易到难。最上面的一个坑中，显然要放90个玉米。由于第二行的3个坑玉米数之和是90，可以将90用3去除：90÷3=30，可以肯定这3个坑的玉米数是29、30、31。"

老山羊夸奖说："很好！"

小猴接着算："第三行是4个坑，将90用4去除，90÷4=22.5……"

狐狸凑上前说："22.5个玉米？是不是要把一个玉米掰成两半哪？"

狼也跑上来说："老山羊说的可是连续自然数，0.5可不成！"

黑熊高兴得又蹦又跳："噢，猴子算错喽！"

"嘻嘻！"小猴笑着说，"你们可真沉不住气！这4个坑中应该放

21、22、23、24个玉米呀！"接着,他把最后一行也填了出来。

⑨⓪

㉙ ㉚ ㉛

㉑ ㉒ ㉓ ㉔

⑯ ⑰ ⑱ ⑲ ⑳

"完全正确！"老山羊又一次把小猴的右手高高举起,宣布,"小猴获胜！"

虎大王气得胡子倒立,大声吼道:"一对傻蛋！一人吃我一脚！"说着给了狼和黑熊一人一脚,把两人踢出老远。

狐狸凑上前问:"虎大王,还是我好吧?"

"你是一个阴谋家！"说着,虎大王抡起巴掌,"啪",结结实实给了狐狸一个大耳光。

数学猴和孙悟空

荡平五虎精

通过猪八戒的介绍,数学猴认识了孙悟空。

八戒介绍说:"这是大猴哥孙悟空,这是小猴哥数学猴。"

数学猴一抱拳:"久仰孙大圣的大名!"

悟空嘻嘻一笑:"咱们都是猴子,一家人嘛!"

突然,山风大作,地动山摇。

八戒大叫:"不好!一股腥风刮来!"

"呜——"一阵狂风过后,前

面出现金色、银色、白色、黑色、花色5只虎精。

金虎精一指猪八戒，说："我们兄弟五虎，明天都要结婚，想炖一锅红烧猪肉吃。暂借猪八戒一用！"

八戒急了："都把我做成红烧肉了，那还是借吗？吃进肚子里还能还吗？"

金虎精两只虎眼一瞪："既然猪八戒不识好歹，弟兄们，上！"

5只虎精嗷的一声一齐扑了上来。

"反了你们5只大猫！打！"孙悟空手执金箍棒，八戒抢起钉耙，数学猴赤手空拳和五虎战到了一起。

"杀——""杀——"喊杀声不断。

天色已晚，金虎精下令收兵："弟兄们，今天天色已晚，先各自回洞休息，明日再战！"

众虎精答应："是！"

八戒累得敞开衣服，躺在地上大口喘气："这5只恶虎还真厉害！照这样打下去，明天我大概要成红烧肉了！"

悟空皱起眉头："要想个办法才成！"

数学猴灵机一动："我听他们说，各自回洞，说明他们五虎不住在一起。咱们今天晚上一个一个消灭他们，来个各个击破！"

八戒翻了个身："主意虽好，可是咱们怎么知道他们住在哪儿？"

孙悟空说："这个好办！问问当地的土地神就知道了。土地神快出来！"

吱的一声，土地神从地里钻了出来。

土地神赶紧向孙悟空行礼："大圣来此，小神未曾远迎，当面恕罪！"

孙悟空命令:"快把五虎精的洞穴位置,给我详细画出来!"

土地神不敢怠慢,立即画出了五虎精所住洞穴图(图1)。

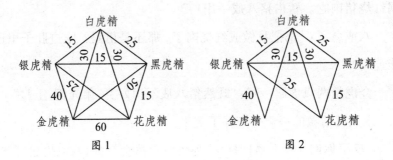

图1　　　　　　　　图2

土地神解释:"图中所标数字是两洞的距离,单位是最新国际单位'千米'。"

孙悟空说:"我们一定要趁天黑,把他们消灭掉,再返回此地!关键是要找一条最短的路径。"

八戒建议:"这种事数学猴最拿手!"

数学猴先擦去50千米和60千米两条最长的路线(图2)。

数学猴说:"既然有这么多路线可以走,先擦去两条最长的路线。还剩下4条路线可走。"

数学猴列出4条可走的路线:

金$\xrightarrow{30}$白$\xrightarrow{30}$花$\xrightarrow{15}$黑$\xrightarrow{15}$银$\xrightarrow{40}$金

所走的距离为30+30+15+15+40=130(千米);

金$\xrightarrow{30}$白$\xrightarrow{25}$黑$\xrightarrow{15}$花$\xrightarrow{25}$银$\xrightarrow{40}$金

所走的距离为30+25+15+25+40=135(千米);

金$\xrightarrow{40}$银$\xrightarrow{15}$黑$\xrightarrow{15}$花$\xrightarrow{30}$白$\xrightarrow{30}$金

所走的距离为40+15+15+30+30=130（千米）；

金 $\xrightarrow{40}$ 银 $\xrightarrow{25}$ 花 $\xrightarrow{15}$ 黑 $\xrightarrow{25}$ 白 $\xrightarrow{30}$ 金

所走的距离为40+25+15+25+30=135（千米）。

数学猴说："第一条和第三条路线最短。"

孙悟空一挥手："咱就挑第一条路线，走！先去找金虎精。"三人直奔金虎精的洞穴。

孙悟空带头钻进金虎精的洞穴，金虎精正在睡觉："呼噜——呼噜——"

"你死到临头，还打呼噜？吃我一棍！"孙悟空举棍就打，一棍下去，咚的一声。

金虎精大叫："哇——"

孙悟空接连又打死了白虎精、花虎精和黑虎精。

八戒不甘示弱："猴哥打死了4只，这只银虎精留给我啦！看耙！"猪八戒照着银虎精就是一耙。

银虎精叫道："金虎哥救命！哇——"

八戒拍拍身上的土："天还没亮，5只虎精全部报销！"

孙悟空一竖大拇指："数学猴算得好！"

数学猴一竖大拇指："孙大圣打得好！"

"哈哈……"

擒贼先擒王

孙悟空一抱拳：“我到前面山上找个朋友，马上就回来！”

八戒说：“大师兄快点儿回来啊！”

孙悟空一个跟头翻下去，来到一个山洞。他向洞里喊：“鹿仙子，俺老孙来看你来了！快出来！”

从洞里忽然蹿出一只狼精。狼精指着自己鼻子问：“孙猴子，你看我像鹿仙子吗？”

孙悟空吃了一惊：“啊，老狼！鹿仙子呢？”

“噜、噜、噜”，从洞里又蹿出来野猪精、狐狸精和蛇精。

孙悟空问：“难道鹿仙子被你老狼吃了？”

狐狸精冷笑着说：“别冤枉狼大哥，鹿仙子是我们4人分着吃的。”

悟空十分愤怒，举棍就打：“竟敢吃掉我的好友！拿命来！”

4个妖精排成图3形状，把悟空围在了中间。

狐狸精高声叫道：“弟兄们别怕孙悟空，摆出我的迷魂阵来！打！”

狐狸	野猪
蛇	狼

图3

蛇	狐狸
狼	野猪

图4

悟空说：“擒贼先擒王，你狐狸精肯定是头儿，我先打你！”悟空抡棒直奔狐狸精打去。

狐狸精喊了一声"变",阵形立刻变成图4的形状,悟空扑了个空,迎战他的已不是狐狸精,而是蛇精。

　　蛇精叫道:"你奔我来了,让你尝尝我的毒液吧!噗——"蛇精喷出一股毒液。

　　悟空慌忙闪过:"呀!这个位置上怎么变成蛇精了?"

　　悟空是死盯住狐狸精打,他又奔狐狸精打去:"你跑到这儿来了!也要吃我一棍!"

狼	蛇
野猪	狐狸

图 5

　　狐狸精又喊了一声"变",阵形立刻变成图5的形状,悟空又扑了个空,迎战他的仍是蛇精。

　　蛇精说:"看来你挺喜欢我的毒液,再送你一口!噗——"蛇精又喷出一口毒液。

　　悟空大叫一声:"哇,我中毒啦!"

　　八戒对数学猴说:"大师兄怎么这么半天还没回来?"

　　数学猴也不放心:"咱俩去看看吧!"

　　八戒和数学猴按着孙悟空去的方向找去,走了一程,听到杀声震天,定睛一看,只见悟空被4个妖精围在中间。

　　数学猴一指:"看!孙悟空被妖精围在了中间。"

　　八戒满不在乎:"咳,对大师兄来说,4个妖精算得了什么!"

　　数学猴发现了异样:"不对!孙悟空怎么步履蹒跚哪?"

八戒解释："你不懂，他要的那叫醉棍！"

悟空毒性发作，忽然倒在了中间。

数学猴大喊一声："不好！孙悟空倒下了！"

"快去营救大师兄！杀呀！"八戒举着钉耙冲了过去。

数学猴赶紧扶起孙悟空："大圣，不要紧吧？"

孙悟空说："快去告诉八戒，专打狐狸精！狐狸精是头儿，只是他的迷魂阵在不断地变化，我找不到狐狸精的准确位置。"

"容我仔细观察。"数学猴看了一会儿，"根据我的观察，他的迷魂阵是按顺时针方向旋转的！"

4个妖精围住孙悟空打得正欢，忽然看见猪八戒来了。

狐狸精忽然来了精神："抓住猪八戒，吃红烧猪肉！"

八戒大嘴一噘："倒霉！又遇到想吃红烧猪肉的了！"

数学猴在一旁指挥猪八戒战斗："八戒，下一次往东南方向打！"

"好，我听你的！"八戒举耙朝东南方向打去，这时狐狸精刚转到东南方向，八戒的钉耙就到了，正打在狐狸的头上。

"看耙！"

狐狸精大惊："啊！我刚转过来，钉耙就来了，完了！"

只听砰的一声，狐狸精的脑袋开花了。

狼精、蛇精、野猪精看到狐狸精死去，纷纷跪地投降："别杀我们，我们投降！"

八戒开心地说："哈！你们吃不上红烧猪肉了吧！"

悟空戏猕猴

数学猴一回头，发现孙悟空不见了："咦，怎么孙悟空不见了？"

猪八戒摆摆手："猴哥是猴脾气，待不住！由他去吧！"

这时，土地神赶着一大群羊走了过来。

八戒好奇地问："真新鲜！怎么堂堂的土地爷改行放羊了？"

土地神尴尬地说："孙大圣让我放羊，我不敢不放呀！"

八戒问："你看见我大师兄了？他在哪儿？"

土地神指着羊群说："孙大圣就在羊群里。"

数学猴十分好奇："啊，孙悟空变成羊了？哪个是孙悟空？"

一群羊围住数学猴，都说自己是孙悟空。

甲羊："咩——我是孙悟空。"

乙羊："咩——我是孙悟空。"

数学猴做孙悟空状："照你们这样说，我还是孙悟空哪！"

土地神让羊排成一排："听我的口令，所有的羊排成一排，报数！"

"1，2，3，…，65，66。"羊依次报数。

土地神说："这是 66 只羊，如果让它们'1、2'报数，凡是报'1'的下去。这样一直报下去，最后剩下的就是孙大圣！"

八戒说："那就让他们报数吧！"

土地神摇摇头："不成！大圣吩咐过，不许'1、2'报数，要数学猴一次就把孙大圣指出来！"

八戒笑了笑："这是大师兄考小师兄啊！"

"这难不倒我！看我的！"数学猴走到从右数第 3 只羊面前，"你是 64 号，出来吧！"说着揪住这只羊的双角往外拉。

"咩——"64 号羊问，"你拉我干什么？"

数学猴说："你是 64 号，你肯定是孙大圣，快出来吧！"

64 号羊反问："咩——你凭什么说我是孙大圣？"

"问得对呀！"八戒也上前问个明白，"你凭什么说他是孙悟空？"

"我问你,如果一排只有3只羊,'1、2'报数,报'1'的下去,最后剩下的是几号?"

八戒掰着手指数:"'1、2、1',第一和第三个数下去了,剩下的是2号。"

"对! 如果一排有5只羊,最后剩下的肯定是4号。"

八戒点点头:"对,我数了,是4号。"

数学猴说:"9只羊一排,最后留下的肯定是8号。它的规律是2,4=2×2,8=2×2×2……对于66来说,具有这个特点的最大的数就是64,因为64=2×2×2×2×2×2。"

"猜对啦!"孙悟空现身。

孙悟空又出一个问题。他先画了一个3×3的格子:"我拔下13根猴毛,加上我自己,变出14只形态各异的小猴,按规律排,我本来应该站在方格的右下角,但我偏站在左边一排的6只小猴当中,你能把我找出来吗?"

说完,孙悟空拔下一撮猴毛,往空中一抛,喊了一声"变",立刻变出了13只小猴。孙悟空一转身,变成了第14只小猴和其他小猴混在了一起(图6)。

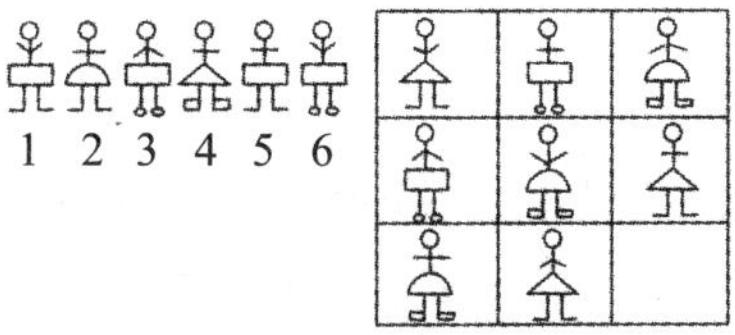

图6

八戒为难地说:"这么多小猴,都长得差不多,怎么找出大师兄?"

数学猴却不以为然:"要细心观察才能发现差异。你看,这些小

猴手臂有向上、水平、向下三种;裙子有三角形、矩形、半圆形三种;脚
有圆脚、方脚、平脚三种。"

"对!"

"你再看,方格中的 8 只小猴全都不一样,但是是有规律的。从
左边 6 只小猴中找出哪只小猴,放到空格中能符合它们的规律?"

八戒看了一会儿:"我看出规律啦! 方格中每一行、每一列的 3 只
小猴的手臂、裙子、脚都不一样!"

数学猴一竖大拇指:"八戒,真棒! 你看把哪只小猴放到那儿合
适呢?"

"从横向看,有手臂平伸的,有手臂向下的,有穿半圆形裙子的,
有穿三角形裙子的,有方形脚,有平脚,就缺一只手臂向上穿矩形裙
子长着圆脚的小猴。纵向看也是如此。我认出来了,你就是孙悟空!"
八戒走到 6 号小猴面前,把他揪了出来。

6 号小猴一抹脸:"八戒真长本事啦! 我就是孙悟空!"

解救八戒

八戒一摸肚子:"我饿了,去弄点吃的!"八戒扛着钉耙扬长而去。

数学猴叮嘱:"八戒,路上小心妖精!"

过了好半天,仍不见猪八戒的影子,悟空有点不放心:"八戒该回
来了!"

忽然,空中飘飘悠悠落下一张纸条来。

"看,飘下一张纸条。"数学猴拾起纸条,只见纸条上写着:

要想找八戒,就往正东走(5★6)★7千米。其中对于任何两个数 a、b,规定 a★b 表示 3×a+2×b。限 10 分钟内找到,否则就请你们吃猪肉馅儿饺子了!"

孙悟空大怒:"何方妖孽,敢用我师弟的肉包饺子吃?我要把他们打个稀巴烂!可是——我到哪里去找他们呢?"

数学猴指着纸条说:"纸条上都写着呢!只要算出来,就知道了。"

"这些带五角星的算式如何算?"

"这里的五角星只不过代表着一种特殊的算法。"

"五角星怎么能代表一种算法呢?"

"我给你算一下,你就明白了。"数学猴开始算,"按着规定,5★6=3×5+2×6=15+12=27。"

"原来是这么回事。"

数学猴说:"明白了意思,就可以把结果算出来了:(5★6)★7=3×27+2×7=95(千米)。"

悟空拉着数学猴向正东方向跑去:"数学猴,快和我向东跑 95 千米,解救八戒去!"

"到这里正好是向东 95 千米。"数学猴停住了脚步。

悟空问："为什么不见八戒的踪影？"

悟空看到一只野狗："那儿有一只野狗,狗的鼻子特别尖,待我也变成野狗问问他。变！"

悟空变成一只黑色的野狗,跑过去问："老兄,你闻到猪的气味了吗？"

野狗点点头："当然闻到了！那个小洞里飘出来猪的臭味和黄鼠狼的臊味！"

黑狗跑到数学猴面前说："八戒是让黄鼠狼精给捉到洞里了,我进洞看看。你在外面如此这般……"

"好！"

悟空立刻变成一只小蜥蜴,钻进了小洞里。

孙悟空进洞后,看见猪八戒被捆在柱子上,黄鼠狼精正在磨刀,"噌！噌！"

八戒对黄鼠狼精说："你别做美梦想吃我的肉,等一会儿我猴哥来了,一棒子就把你砸个稀巴烂！"

黄鼠狼冷笑："嘿嘿,孙悟空是个数学盲,他算不出我在哪儿！"

八戒不服："我还有个小猴哥数学猴呢！他的数学别提多棒了！"

黄鼠狼不以为然："你别吓唬我,一只小猴子能有我黄大仙聪明？"

"你的两个猴哥都不来救你,我可饿极了。我先把你切成小块,然后再剁成肉馅儿慢慢吃。"黄鼠狼精要动手了。

悟空现形："八戒别慌,我孙悟空来了！"

八戒见到了救星："猴哥快来救我！"

黄鼠狼大吃一惊："啊,孙悟空真来了! 让你尝尝我的最新式武器!""噗——"黄鼠狼冲悟空放了一个屁。

八戒大叫一声:"哇,臭死啦!"

黄鼠狼趁机从小洞钻出,正好被等候在此的数学猴按住了脖子:"黄鼠狼,你往哪里逃?"

黄鼠狼绝望了:"呀,数学猴等在这儿! 完了!"

魔王的宴会

悟空救出了八戒,三人正往前走着,忽然一阵狂风刮来,"呜——"风中带有许多碎石。

八戒倒吸一口凉气:"呀,飞沙走石! 怎么回事?"

只见一群山羊、野兔、牛顺着风呼啦啦狂奔而来。

八戒忙问:"你们跑什么? 出什么事啦?"

一只山羊告诉八戒:"熊魔王要宴请虎魔王、狼魔王、豹魔王……一大堆魔王。我们都要被这些魔王吃了! 你长得这么肥,还不快逃!"

悟空问一头奔跑的老牛:"老牛,你知道熊魔王要宴请多少魔王吗?"

老牛回头一指:"洞口贴着告示呢! 你自己去看吧!"

悟空说:"咱俩去看看告示去。"

他们来到洞口,见洞口果然贴有告示。悟空一边看,一边摇头:"这上面写的是什么呀? 我怎么看不懂啊!"

只见告示上写着:

山里的所有动物：

我熊魔王要请各方魔王来赴宴，当然，你们都是做菜的原料。我们要吃谁，谁就赶紧来，直到我们吃饱、吃好为止。这次我请来的魔王数，就在下面的算式中，其中不同的字代表不同的数：

魔魔×王王=好好吃吃

"猴哥，咱们不能眼看着这些动物被害！咱们得救救他们。"

"可是不知道来了多少魔王，这仗怎么打呀？"

数学猴说："别担心，有我在，没问题！"他仔细想了想：这种横式不好看，我来把它变成竖式。

$$
\begin{array}{ccc}
 & 魔 & 魔 \\
\times & 王 & 王 \\
\hline
a & b & c \\
a & b & c \\
\hline
好 & 好 & 吃 & 吃
\end{array}
$$

悟空挠挠头："怎么弄出外文来了？越弄越复杂！"

数学猴解释："引进字母的目的，是为了让运算更加简单。显然 $c=$吃，在十位上由于 $b+c=$吃，可以知道 $b=0$。"

悟空点点头："有道理，你接着说。"

"$b=0$。根据魔魔×王$=abc=a0c$，魔×王的乘积一定是个两位数，而且乘积的十位数和个位数之和是 10。"

悟空晃晃脑袋："我有点儿晕，你快往下算吧！"

"两个一位数的乘积的数字之和为10的，只有4×7=28，刚好2+8=10。"

"有这种事？"八戒不信，要自己试验，"我试试！2×9=18，1+8=9，不成；3×8=24，2+4=6，也不成；8×9=72，7+2=9，还是差点儿。嘿，真的只有4乘7才行。"

悟空有点儿着急："快告诉我，他要请多少魔王？"

"多则74个，少则47个。"

"宁多勿少。"悟空说，"我们就按74个准备。八戒你负责消灭23个，数学猴消灭1个，剩下的我全包了！"

八戒噘起大嘴："嘿，不公平！我比小猴哥多那么多呢！"

"我一个人要消灭50个魔王呢！快杀进去吧！"悟空带头冲进洞里。

"杀——"猪八戒和数学猴跟了进去。

洞里杀得昏天黑地。

战斗结束了，数学猴清点被杀死的魔王："熊魔王一共请来了47

个魔王，加上他自己一共是48个。我杀死2个，悟空和八戒各打死23个！"

八戒一拍脑袋："哇，我和孙猴子打死的魔王一样多！我又亏了！"

捉拿羚羊怪

悟空、数学猴和八戒边走边聊天。

悟空深有感触地说："我要拜数学猴为师，学习数学。"

八戒也说："我也学！"

数学猴谦虚地说："咱们互相学习。"

忽然，一阵狂风刮来，遮天蔽日，伸手不见五指。

悟空警告："这是一股妖风！我们要多加注意！"

八戒捂着眼睛说："我什么也看不见了！"

狂风过后，数学猴不见了。

八戒着急了："猴哥，数学猴不见了！"

"他是被妖精抓去了！"

八戒不明白："妖精抓他干什么？吃？他身上一点儿肉都没有！要吃就抓我吃呀！"

"还是把土地神唤来问问。土地！"

土地神从地下钻出："大圣唤小神有何吩咐？"

"刚才那股妖风为何怪所施？"

"回禀大圣，此乃羚羊怪所施的妖法。"

悟空说:"他抓走了我的人。快带我去找羚羊怪!"

土地神带悟空和八戒来到一个山洞前,山洞的大门紧闭,门上画有一个图形(图7)。

土地神说:"羚羊怪就住在这个山洞里。"

悟空问:"此图很像太极图,如何打开洞门?"

土地神回答:"你看画阴影的部分,它是对接在一起的一对羚羊角。谁能算出这个阴影部分面积是多少,门就会自己打开。"

八戒瘫坐在地上:"完了! 原来可以找小猴哥来帮忙计算,现在谁来算?"

"数学猴不在,咱们就自己算!"悟空先画了一个图(图8)。

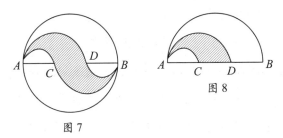

图8

图7

悟空指着自己画的图说:"算半个圆就成了。这是由三个半圆组成的,我量了一下,AC是AD的一半,AD是中圆的直径。AB=30厘米,而AD=20厘米。我发现AC=CD=BD=10厘米。可是我不知道圆的面积如何求。"

八戒一撇嘴:"不知道如何求,还是不会算哪!"

"待我化成小飞虫,飞进洞里,问问数学猴。变!"悟空化作小飞虫,从门缝钻进洞里。

八戒十分羡慕:"我就没有这种化小飞虫的本事。"

洞里，羚羊怪正和数学猴谈话。

羚羊怪阴阳怪气地说："听说你的数学特别好，你要是教会我数学，我的本事可就比孙悟空还大了！"

数学猴态度十分坚决："你学会数学是为了对付孙悟空，我不教！"

羚羊怪用他巨大的角死死顶住数学猴的前胸："如果你不教我数学，我就用角顶死你！"

"你学数学的目的不纯，顶死我也不教！"

羚羊怪见硬逼不成，气哼哼地走到一边去另想办法。

这时，悟空变成的小飞虫飞到了数学猴的耳朵上，悄悄地说："数学猴不要害怕，我是孙悟空。你快告诉我，圆的面积如何求？"

数学猴也小声说："可以用公式，如果圆的半径是 r，圆的面积公式是 $S=\pi r^2$。"

"数学猴，我这就回来救你！"小飞虫飞出洞外。

数学猴叮嘱："快点儿！"

羚羊怪十分奇怪，问："你在和谁说话呢？"

数学猴把头一扬："我在自言自语呢！"

悟空飞到洞外现出原身，和八戒会合。

"我会求了！阴影部分的面积=以 AD 为直径的半圆面积－以 AC

为直径的半圆面积$=\frac{1}{2}(10^2\pi-5^2\pi)=\frac{\pi}{2}(10\times10-5\times5)=\frac{\pi}{2}(100-25)=\frac{75\pi}{2}$。"

八戒接着说:"两只对接的羚羊角形的面积就是75π了。"

八戒刚说完,山洞的大门就自动打开了。

"乖乖,我刚说完,门就自动打开了!"八戒一阵得意。

悟空一挥手:"快进洞救数学猴!"

悟空和八戒齐战羚羊怪,一阵激烈的战斗过后,羚羊怪终于被抓住了。

"我打死你这个羚羊怪!"悟空举棒就要打。

数学猴在一旁求情:"慢!羚羊怪就是想学数学,没有害人之意,饶了他吧!"

重回花果山

悟空忽然想到:"如今妖孽横行,我要回老家花果山去,看看我的猴子猴孙是否平安。"

听说去花果山,八戒和数学猴争先恐后地说:"我也去!""我也去!"

孙悟空一挥手:"咱们都去!"孙悟空带着八戒、数学猴一起回到了老家花果山水帘洞。

来到花果山,只见山上花草全无,林木焦枯,山峰岩石倒塌,悟空见此情景不禁倒吸了一口凉气："这是怎么啦？"

花果山的猴子听说孙大圣回来了，蜂拥而出，都来迎接，摆上了各种鲜果美酒。

回到家，悟空感慨万千："我有一段时间没回家了，你们可好啊？"

众猴你看看我，我看看你，一片沉默……

孙悟空双目圆睁："怎么，出事啦？是谁敢来欺负你们？"

众猴齐声回答："是群狼！"

孙悟空想了一下，说："我一定要找他们算账！除此之外，你们也要练一些防敌的本领。下面我来操练你们，老猴们听令！"

下面站出一群老猴："得令！"

八戒数了一下："1，2，3，……一共有49只老猴。"

孙悟空听罢大吃一惊："想我当年离开花果山时，共有47000只猴子，现在就剩这么几只老猴了？"想到这里，悟空差点儿落泪。

悟空命令："49只正好能排成一个7×7的方阵。给我排出方阵来！"老猴们立即排成了一个每边有7只老猴的方阵。

数学猴点点头："还是老猴的觉悟高！"

操练开始，老猴们按孙悟空的口令，做着各种动作。

悟空喊："一、二、杀！""一、二、挠！""一、二、咬！"

"停！"忽然，孙悟空下令停止操练。

八戒问："练得好好的，怎么停了？"

孙悟空往下一指,说:"那一排的两只老猴,实在太老了,动作已经跟不上口令。"

八戒说:"那还不容易,把那两只老猴撤下来就是了。"

孙悟空摇摇头说:"不成!撤下两只就构不成一个7×7的方阵了。"

八戒又建议:"干脆把那两只老猴所在的那一排都撤下来算了!"

孙悟空又摇摇头:"不成!撤下一排就不是方阵了,成了长方形阵,而我操练的是方阵。"

"那你说怎么办?还是问数学猴吧!"

数学猴说:"要我说,同时撤下一行和一列,变成6×6的方阵。"

八戒不等数学猴说完,就发号施令:"撤下一行是7只老猴,撤下一列又是7只老猴。听我的口令!一共撤下14只老猴……"还没等八戒说完,数学猴跑上去捂住了他的嘴。

八戒问:"怎么啦?"

"你说得不对!撤下的不是14只,应该是13只老猴。"

"怎么不对?"

数学猴画了一张图(图9):"因为有一只老猴,数行的时候数过他一次,数列的时候又数了他一次,这只老猴数重了。"

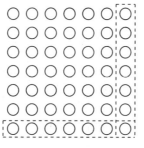

图9

这时，孙悟空抽出一面令旗，在空中一摇，高声叫道："所有青壮年的猴子给我排成一个方阵！"

"是！"青壮年的猴子也排成一个方阵。

在孙悟空的号令下，青壮年的猴子认真地做着动作。

孙悟空忽然往下一指，说："那一排上的两只猴子太胖，像两头笨猪！"

八戒听了噘起了大嘴："猪就笨？猴就机灵？"

一只小猴跑来报告："报告孙爷爷，一群恶狼又来袭击我们！"

悟空就地来了一个空翻："来得正好！我和八戒带老猴方队正面迎击，数学猴带青壮年猴方队抄他的后路！"

数学猴问："这青壮年猴方队共有多少只猴子？"

悟空摇摇头："这个我不知道。我只知道同时撤下来一行和一列，共撤下来 27 只青壮年猴子。"

数学猴只好计算："由于去掉的总猴数=原每行猴数×2−1，所以原每行猴数=（去掉的一行一列猴数+1）÷2=（27+1）÷2=14（只），方阵总数=14×14=196（只）。"

青壮年猴子看到狼群分外眼红，个个奋勇杀敌："杀！挠！咬！"

孙悟空一马当先杀了出来："恶狼拿命来！"

群狼见孙悟空来了，惊恐万状，立刻跪在地上投降："我的妈呀，孙大圣回来了！我们投降！"

悟空往下一指："你们给我滚出花果山 1000 千米，永世不得回来！"

"是！"群狼夹着尾巴狼狈逃窜。

智斗神犬

群猴刚要庆祝胜利，忽然，一只小猴急匆匆来报："报告孙爷爷，大事不好！群狼在一只瘦狗的带领下又杀回来了，还抓了我们7只猴子兄弟。"

悟空大惊："啊，竟有这事？"

放眼望去，只见二郎神的神犬带着群狼杀了回来，神犬很瘦，在群狼中显得很弱小。

悟空冷冷地说："我当是谁呢，原来是二郎神的神犬。"

神犬"汪、汪"叫了两声："大圣，好久未见，近来可好？"

"听说你抓了我的7只小猴，我和恶狼的事，你管得着吗？"

"不错，我是抓了7只小猴子。狼和狗是同宗，狼的事我不能不管哪！"

神犬一声令下："把7只小猴子带上来！"7只小猴被带上来，每只小猴的脖子上都套一个大铁环，铁环互相套在一起（图10）。

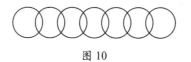

图10

数学猴生气地说："都套在一起了，也太残忍了！"

悟空大怒："瘦狗，你想干什么？"

神犬指着孙悟空叫道："你孙猴子一定想救出这些小猴子吧？咱

们来较量七个回合,怎么样?"

悟空问:"如果我胜你一个回合呢?"

神犬答:"那我就放一只小猴子。如果你败了一个回合,我就咬死一只小猴子!"

神犬一声狂叫,恶狼阵中立刻蹿出一只恶狼,而悟空这边出战的是八戒。

恶狼凶狠地说:"我想吃肥猪肉!嗷——"

八戒咬着牙根:"我想穿狼皮袄!杀!"

没战几个回合,八戒一耙打在狼肚子上:"吃我一耙!"

恶狼惨叫一声,死了。

悟空说:"这一回合我们胜了,快放一只猴子!"

神犬摇摇头,说:"我是想放一只,只是这7只猴子全被套在一起了。你们过来一个人,只许剪断一个圆环,以后就不许再剪了。"

悟空大怒:"只许剪断一个圆环,最多只能放一只猴子!剩下的6只猴子怎么办?你是成心不想放啊!"

见悟空发火,数学猴在一旁劝阻:"大圣莫发火,让我去完成这个任务,请给我变出一把大钳子来。"

悟空一伸手就变出一把大钳子,递给数学猴。

悟空十分怀疑:"你能只剪断一个圆环,就可以每次放回一只猴子?神啦!"

"请大圣放心。"数学猴走到7只猴子面前,从左数,"1,2,3,好!就剪断这第3个圆环!"说完用钳子剪断了套在第3只猴子脖子上的圆环。

数学猴领走这只猴子，还剩下两只连在一起的和 4 只连在一起的(图 11)。

图 11

剩下的猴子哀求："数学猴,可别把我们忘了! 快来救我们!"

神犬又叫一声,3 只恶狼同时蹿出:"第二个回合看我们的!"

悟空迎战:"来得好!"

悟空只是用金箍棒朝 3 只恶狼一捅,就把他们穿在了一起:"这次来个穿糖葫芦吧! 嘻嘻!"

神犬倒吸了一口凉气:"大圣果然厉害! 你们再来领一只猴子吧!"

数学猴领着刚刚带回来的猴子,向对方走去:"我拿这只刚领回的猴子,去换那两只连在一起的猴子,2−1=1,这次我领回的还是一只。"

八戒拍掌称妙:"拿一只单个的,换回两个连在一起的,妙! 妙!"

神犬这时忽然明白了:"呀,我明白啦! 下次你还是要走那一只

猴子,然后再用这3只猴子换回那4只连在一起的猴子。就这样,7只猴子你先后都领走了。"

八戒又拍手,又跳高:"妙!妙极了!"

"我咬死你这个数学猴!汪!汪!"神犬直向数学猴冲去。

悟空说:"你别咬数学猴,有本事冲我来!"悟空迎了上去。

神犬和悟空战在了一起。

神犬狂叫:"汪!汪!"

悟空高叫:"嘿!嘿!"

"吃我一棒!"神犬后腿挨了孙悟空一棒。

"呀,疼死我了!我找二郎神去!"神犬一瘸一拐地逃跑了。

千变万化

二郎神手执三尖两刃枪,带着受伤的神犬赶来报仇。只见二郎神仪表堂堂,两耳垂肩,双目闪光,腰挎弹弓。

神犬往前一指:"就是那个孙猴子,打伤了我的腿!"

二郎神满脸怒气:"大胆的泼猴,竟敢打伤我的爱犬!"

数学猴问:"这个神仙是谁?"

悟空给数学猴解释:"你连他都不认识?他就是劈山救母的二郎神呀!此人非常善于变化。"

二郎神举起三尖两刃枪向悟空刺来:"泼猴,吃我一枪!"

悟空冲二郎神做了个鬼脸:"也不说几句客气话,上来就打!那我也不客气了。"

二郎神和悟空乒乒乓乓打在了一起,从地面一直打到了空中。

"咱俩还是斗斗变化吧!"忽然,二郎神化作一股清风走了。

悟空收住手中的金箍棒:"我正打得来劲,二郎神怎么跑了?"

悟空一回头,发现了两个一模一样的数学猴。

八戒说:"这里面一定有一个是二郎神变的!"

悟空和八戒小声商量:"八戒,你看这怎么办?"

八戒想了一下,说:"我有办法了。数学猴数学特好,二郎神是个数学白痴。可以出一道数学题考考他们俩。"说完,八戒在地上画了两个图,每个图有3个圈(图12)。

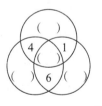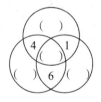

图 12

八戒对两个数学猴说:"真假数学猴听着!你们各自在图中的括号里填上 2、3、5、7 四个数,使每个圈内的 4 个数之和都等于 15。听懂了没有?"

"是!"不一会儿,两个数学猴都填完了(图 13)。

图 13

八戒认真看了看两个图,说:"左边这个填对了,右边填错了! 右边那个数学猴是假的,是二郎神变的!"

悟空举起金箍棒朝右边的数学猴打下:"二郎神! 吃我一棒!"

"不好! 被老猪识破了。"二郎神现形逃走。

二郎神在空中冲数学猴一抱拳:"小神想请教数学猴兄,你那 4 个数是怎样填的?"

八戒在一旁笑了:"嘿嘿,没想到,二郎神挺喜欢学数学!"

数学猴给二郎神讲解:"关键是填正中间的那个数。填 2 不成,

因为最上面那个圈,即使再填上最大的数 7,7+4+2+1=14,不够 15。填 7 也不成,因为最右边的那个圈,即使你填上最小的数 2,6+7+1+2=16,比 15 大。"

二郎神聪明过人,一听就明白了:"噢,我明白了,正中间只有填 3 最合适。数学妙! 真妙!"

"二郎神,你别'喵喵'学猫叫了,还是吃我一棒吧!"孙悟空抢棒就打。

"我能怕你这个泼猴? 看枪!"二郎神挺枪就

扎,两个人又打到了一起。

"我老孙今天才算找到对手了！过瘾！"孙悟空的金箍棒一棒紧似一棒地向二郎神砸来。

二郎神看孙悟空来精神了,也不恋战,又化作一阵清风走了。

悟空手搭凉棚四处寻找:"这小子又跑到哪儿去了?"

数学猴叫悟空:"大圣,这儿有两个一模一样的猪八戒!"

悟空眼珠一转:"咱们照方抓药,你再出道题考考他们俩。"

数学猴在地上画了4个猪头,列出一个算式:

$$猪 \times 猪 - 猪 \div 猪 = 80$$

数学猴对两个猪八戒说:"式子里的4只猪的重量都相等,请算出一只猪的重量。"

左边的八戒说:"一只猪9千克。由于同样重量的两头猪相除得1,所以有:猪×猪−1=80,猪×猪=81,猪=9。"

右边的八戒却说:"比8千克多,比9千克少!"

"二郎神,我看这次你往哪儿跑!"悟空举棒朝右边的八戒打去。

右边的八戒求饶:"大师兄饶命,我可是真正的八戒呀!"

二郎神在一旁嘲笑八戒:"猪脑子就是不成!"

数学猴问猪八戒:"你怎么算错了呢?"

八戒沮丧地说:"把等号左边的'−1'移到右边,应该变成'+1',我没变!"

悟空叹了一口气:"嗨,看来八戒还是不如二郎神聪明!"

二郎神把嘴一撇:"废话！怎么能拿我和笨猪比呢?"

再斗阵法

二郎神挥舞着手中的三尖两刃枪，口中念念有词，不一会儿就召来许多天兵天将。

二郎神对众天兵天将说："下面我和孙猴子斗斗阵法。天兵天将听令，给我摆出'九宫阵'！"

众天兵天将齐声答应一声"得令"，立即摆出了"九宫阵"（图14）。

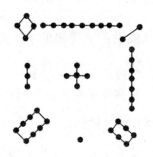

图 14

二郎神一指孙悟空："泼猴，你敢来攻攻我的'九宫阵'吗？"

"我要把你的什么'九宫阵'杀个七零八落！"悟空提起金箍棒，直奔"九宫阵"杀去。

二郎神冷笑："七零八落？嘿嘿，我看你是有来无回！"

悟空在阵前停下，和二郎神讲攻阵的规矩："你可要遵守规矩，我攻哪一行，哪一行的士兵才能和我交手！"

二郎神点头："放心吧！规矩我懂。"

悟空开始进攻竖着的最中间的一列(图15)："我来个'黑虎掏心'，攻击你的中路！"

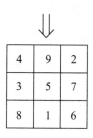

图 15

最中间一列的 15 名天兵天将举刀迎战："杀！"把悟空围在当中。

"呀，看来'黑虎掏心'不对！"悟空跳出圈外，"九宫阵"又恢复原样。

悟空心想："这么打不成！ 15 个人太多，我要找一个人少一点的行来攻击！"

"我这次来个'拦腰截断'，横着冲它一下。"这次悟空进攻横着的最中间的一行(图16)。这一行的天兵天将举刀迎战："杀！"又把悟空围在了中间。

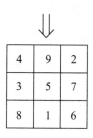

图 16

悟空感到奇怪："1,2,3,4,…,15，奇怪，怎么这一行又是15个人？"

"我就不信这个邪！我斜着再冲它一次。"悟空又要斜着冲击"九宫阵"。

数学猴拦阻："大圣留步，不要再冲了！"

悟空问："为什么不让我冲了？"

"二郎神的'九宫阵'，数学上叫作三阶幻方，它是由1至9这九个自然数组成的3×3的方阵。"说完，数学猴画了个图（图16）。

数学猴介绍说："这个方阵的特点是不管你是横着加、竖着加，还是沿对角线斜着加，其和都是15。"

悟空摇摇头："乖乖，难怪不管我怎么冲，都有15名天兵天将把我围住！"

二郎神哈哈大笑："孙猴子，你领教了我的'九宫阵'的厉害了吧！该你布阵了。"听说布阵，悟空有点儿傻眼了。

悟空小声对数学猴说："这排兵布阵我不会啊！"

"大圣不要着急，看我的吧！45名猴兵出来布阵！"数学猴拿起令旗指挥道。

众猴答应一声："得令！"

小猴们排出一个三阶反幻方（图17）。

9	8	7
2	1	6
3	4	5

图17

数学猴说："请二郎神攻阵！"

二郎神斜眼看着数学猴："一只小猴子会布什么阵？神犬，跟我往里冲！冲它的第一行！"

一转眼，二郎神和神犬被 24 只猴兵围在了中间。

二郎神吃了一惊："这……这不对呀！应该每行是 15 只呀！怎么出来了 24 只小猴子？"

神犬出主意："撤出去，再攻另一行！"

二郎神和神犬攻击第三行，结果又被 12 只猴兵围在了中间。

二郎神不解地问："这第三行怎么变成了 12 只猴兵了呢？不应该是 15 只吗？"

神犬把整个阵数了数："主子，我数过了，数学猴布的这个阵，不管你是横着加、竖着加，还是沿对角线斜着加，其和都不一样！"

二郎神跳出圈外，问数学猴："你布的这叫什么阵？本神从来没见过。"

八戒说："你个小二郎神见过什么？我小师兄的数学别提有多棒了，够博导的水平！"

数学猴解释说："你刚才布的是三阶幻方，其特点是每行、每列、两条对角线上的三个数之和都相等；我布的叫作三阶反幻方，它的特点是每行、每列、两条对角线上的三个数之和都不相等。"

二郎神感叹说："有正

还有反，小神领教了！小神修炼千年，不如一只数学猴，惭愧！惭愧！小神甘拜下风，回去好好学习数学，来日再斗！"说完化作一阵清风飘去。

八戒乐了："嘿嘿，二郎神让小师兄给镇住了！"

数学秘诀

斗败二郎神，八戒竖起大拇指，夸奖数学猴："小猴哥真厉害！把二郎神给制服啦！"

悟空问："数学猴，学数学有没有秘诀呀？"

"学数学没有秘诀，主要靠多用脑子。"

"不对吧？我看是有秘诀你不告诉我！"

数学猴和悟空、八戒告别："我还有事，先走一步了。"

悟空笑着说："数学猴，你不告诉我数学秘诀，我要想办法从你嘴里掏出来！"

数学猴走在路上，突然，后面一条大蟒蛇追了上来："吱——吱——"

数学猴大吃一惊："啊，快跑！"

蟒蛇猛地一蹿，把数学猴缠住了。

数学猴大叫："来人哪！救命！"可在这荒郊旷野，没人来救他。

"我还是自救吧！我把你割成两段！"数学猴掏出刀子，用力割蟒蛇的中部。

数学猴终于把蟒蛇割成了两段，自己也累得坐在了地上："累死我了！看你还敢逞强！"

突然，蛇头大笑两声，开口讲话了，把数学猴吓了一跳："哈哈！你把我割成了两部分，我的头部这段占全长的 $\frac{3}{8}$，尾部比头部长 2.8 米，数学专家，你给我算算，我原来有多长？"

数学猴紧张地举起刀子："怪了，死蟒蛇还会说话？"

蟒蛇头说："你不要害怕，只要你算出我原来有多长，我就离开你。不然的话我就死死缠住你！"

"你说话可要算数啊！"数学猴没有办法，开始计算，"既然你的头部占全身的 $\frac{3}{8}$，尾部必然占 $1-\frac{3}{8}=\frac{5}{8}$。尾部比头部长 $\frac{5}{8}-\frac{3}{8}=\frac{2}{8}$，$\frac{2}{8}$ 就是 $\frac{1}{4}$。这多出来的 $\frac{1}{4}$ 是 2.8 米，全长就是 $2.8\div\frac{1}{4}=2.8\times4=11.2$（米）。"

蟒蛇头问："这是什么算法？"

"这叫作'已知部分求全体'。这种算法的特点是：只要知道了这一部分所占的比例，再知道这部分的具体数值，就可以把全体的数值求出来。"

"嘻嘻！你不是说学数学没有秘诀吗？你刚才说的不是秘诀又是什么？"

数学猴吃惊地说："啊？你到底是蟒蛇还是孙悟空？"

蟒蛇把头部和尾部接起来，又成了一条完整的蟒蛇，逃走了。

数学猴追了上去："你给我说清楚，你到底是谁？"

蟒蛇见数学猴没追上来，在地上打了一个滚儿，变成了孙悟空。

悟空笑了："嘻嘻！戏弄数学猴真好玩！我再变个花招。"

没有追上蟒蛇，数学猴继续赶路。突然，前面树林里传出一阵哭声："呜——呜——"

数学猴心里琢磨："蟒蛇会不会是孙悟空变的？咦，树林里怎么会有哭声？"

数学猴走过去一看，原来是小熊。

数学猴问："小熊，你为什么哭？"

小熊哭丧着脸说："我们老师给我们留了一道数学题，我不会做，回家爸爸一定会狠狠打我的屁股！"

数学猴说："你把那道题说一遍。"

小熊说："把252分成三个数，使这三个数分别能被3、4、5整除，而且所得的商相同，求这三个数各是多少。"

数学猴说："可以先求商。因为（3+4+5）×商=252，所以商=$\frac{252}{3+4+5}=\frac{252}{12}$=21。有了这个共同的商，就可以把三个数求出来：3×21=63，4×21=84，5×21=105。"

小熊问："这是什么算法？"

"这叫作'已知全体求部分'。这种算法的特点是：只要知道了全体的数值，又知道各部分所占的比例，就可以把各部分求出来。"

小熊变成了孙悟空："我又学到一个数学秘诀，哈哈——"说完，悟空笑着跑了。

数学猴在后面追："果然是孙悟空变的！大圣，你别走！"

合力灭巨蟒

数学猴继续往前走,发现又一条大蟒蛇跟在后面,数学猴以为又是孙悟空变的。

数学猴半开玩笑地说:"孙大圣,你又要什么花招?还是要数学秘诀?"

蟒蛇忽然缠住了数学猴,张开血盆大口要吞下他:"这猴子虽说瘦了点,但吃进肚子里也能管个把小时。"

数学猴慌了:"你怎么真吃呀?大圣救命!"

悟空变成一只蜜蜂,飞近数学猴的耳边小声说:"数学猴不要害怕,你照着它的左眼猛击一拳,我就把你换出去!"

"好!"数学猴照着蟒蛇的左眼猛击一拳。

"啊!"蟒蛇大叫一声。

悟空趁机变成数学猴,站到原来的位置。

狂怒的蟒蛇叫道:"还敢打我?我吞了你!"他张开大嘴,一口把悟空变的数学猴吞了进去。

孙悟空高兴地说:"哈哈!进蟒蛇肚子里去玩会儿。"

"里面地方还挺大,待俺老孙练上一路棍!嗨!嗨!"悟空在蟒蛇肚子里耍了起来,蟒蛇疼得直打滚儿。

"哎哟!疼死我了!孙大圣饶命!"

这时,一条白蛇和一条黑蛇赶来救蟒蛇。

白蛇问:"蛇王,我们怎么帮你?"

蟒蛇指指自己的肚子:"孙悟空在我肚子里,你们帮不了我。"

孙悟空在蟒蛇的肚子里说话:"嗬!你还是蛇王啊?想当头儿,数学必然好,我来考你两道题吧!"

蟒蛇哀求:"只要大圣不在我肚子里练功,题目随便出。"

"听说你们蟒蛇最爱吃兔子了。现在有一群兔子和若干条蛇,这些蛇想平分这群兔子。如果每条蛇分4只兔子,则多出了2只兔子;如果每条蛇分5只兔子,则少了4只兔子。你说说,有几只兔子,几条蛇?"

蟒蛇摇摇头:"我脑子笨,不会算。白蛇,你脑子好使,你会算吗?"

白蛇也摇摇头:"这题太难,我不会算。"

悟空叫数学猴:"数学猴,出来给他们算算。"

"来喽!"数学猴从树上跳了下来。

数学猴说:"设有 x 条蛇,y 只兔子。由'如果每条蛇分4只兔子,则多出了2只兔子'得 $y=4x+2$,由'如果每条蛇分5只兔子,则少了4

只兔子'可得 $y=5x-4$。由于 $y=y$，得 $4x+2=5x-4$，$x=6$，而 $y=4 \times 6+2=26$。有 6 条蛇和 26 只兔子。"

悟空在蟒蛇的肚子里问："嘿，听明白没有？不过，我们的数学猴也不能白给你算哪！"

蟒蛇乖乖地答："愿听大圣吩咐。"

悟空说："把那条白蛇摔死！"

蟒蛇大吃一惊："啊，把白蛇摔死？这怎么成？"

"不成，我就练棍！嗨！嗨！"悟空在蟒蛇肚子里又练起了棍。

"哎哟！疼死我啦！别练，别练！我摔，我摔！"蟒蛇用尾巴卷起白蛇，用力往地上摔。

白蛇惨叫一声死去。

"下一个该我了，快回家吧！"黑蛇准备逃跑。

悟空又说："我再出第二道题啦。你看，黑蛇正往家逃，从这里到他家有 100 米，他以每秒 0.8 米的速度逃走，每跑 10 米，要休息 5 秒。黑蛇需要多长时间才能到家？"

蟒蛇赶紧说："还是请数学猴来算吧！"

数学猴说："可以先不考虑休息。黑蛇以每秒 0.8 米的速度一口气逃回了家，跑了 100 米，需要的时间是 $100 \div 0.8=125$（秒）。黑蛇中间休息了 9 次，每次 5 秒，共 $5 \times 9=45$（秒）。所以黑蛇回家需要的总的时间是 $125+45=170$（秒），即 2 分 50 秒。"

悟空在蟒蛇肚子里问："怎么处理黑蛇，还用我教你吗？"

"不用，不用。我全明白。黑蛇，你往哪里跑？"蟒蛇卷起黑蛇，啪的一声狠命摔下。

黑蛇说:"头儿真狠心!哇!"黑蛇死去了。

悟空把蟒蛇的肚子捅了个大洞:"我从这儿出来吧!"说着从洞中飞出。数学猴拍手叫好。

蟒蛇大叫:"哇,我也没命啦!"

孙悟空搂着数学猴迎着朝阳走去,猪八戒跟在后面"啦啦啦"撒下一路歌声……

数学侦探故事

数学神探 006

劫持大熊猫

"嘀嘀嗒——嘀嘀嗒——咚咚——"又吹又打好热闹啊！原来是大森林里正开欢迎会，欢迎国宝大熊猫来这里访问。大象、山羊、小白兔、黄狗警官夹道欢迎大熊猫。大熊猫的脖子上挂着一串漂亮的竹雕项链，频频向欢迎的人群点头挥手。

大象紧走两步，握住大熊猫的手："欢迎国宝大熊猫！"

大熊猫吸吸鼻子，向四周闻了闻："听说你们这儿有许多好吃的竹子。"

"有，有，你可以敞开吃。请先到宾馆休息。"大象把大熊猫请进刚刚建成的宾馆，宾馆全是用新鲜的竹子修建的。

 少儿科普名人名著书系

　　大熊猫看见新鲜的竹子,馋劲儿就上来了,拿起竹编椅子张嘴就要啃。

　　大象急忙拦住他,说:"这张椅子没清洗,不干净。我这就去拿专门给你准备好的干净竹子。"

　　不一会儿,大象用鼻子卷着一大捆上好的竹子送给大熊猫。大熊猫美美地吃了一顿。

　　夜晚,大熊猫准备休息,忽然,窗外闪过两条瘦长的黑影。

　　大熊猫一路劳累,也没在意。他高举双手,打了一个哈欠:"呵——真累,我要好好睡一觉了。"说着一头倒在床上,瞬间就打起了呼噜。

　　只见一个黑影朝屋里一指:"就在里面,动手!"

　　两个蒙面人迅速蹿了进去,用口袋套住了大熊猫的脑袋。

　　大熊猫惊醒了,大喊:"救命啊!"

　　其中一个蒙面人恶狠狠地说:"周围没人,你叫也没用,快乖乖跟我们走吧!"说完,两人挟持着大熊猫,消失在茫茫的黑夜中。

　　第二天一早,黄狗警官匆匆来找数学猴。数学猴是一只小猕猴,由于他数学非常好,人送外号"数学猴"。

　　黄狗警官紧张地说:"数学猴,不好了,国宝丢了!"

数学猴一愣："什么国宝？是文物还是金银珠宝？"

黄狗警官摇摇头说："都不是，是国宝大熊猫不见了。屋里还留了一张纸条。"

"拿给我看看！"数学猴接过纸条，只见上面写着："大熊猫被关在北山第m号山洞。m是宇宙数。"

"什么是宇宙数？"黄狗警官问，"大森林里就数你的数学最好，你必须帮忙侦破此案。"

数学猴双手一摊："可是我什么头衔都没有，谁听我的？"

"我黄狗警官任命你为森林侦探，代号007，怎么样？"

数学猴摇摇头："我不当电影里的侦探，我要当数学侦探。"

"数学侦探的代号应该是多少？"

"006！"

"006？"黄狗警官摸了一下脑袋，"这006和007有什么区别？"

"区别可大啦！"数学猴十分严肃地说，"7是一个质数，而6是一个伟大的完全数！"

"什么是完全数？"

"6就是最小的完全数。6除去它本身，还有三个因数：1，2，3。而6=1+2+3。一个正整数，如果恰好等于它所有因数（本身除外）之和，这个数就叫作完全数。具有这种性质的数非常少，因为这样的数是完美无缺的！"

黄狗警官点点头："噢，你当侦探是想做到像完全数那样，完美无缺？"

"Yes！"

"好！我以后就不叫你数学猴了,叫你006。"黄狗警官紧接着说,"咱俩要赶快找到第m号山洞,救出大熊猫！可是,宇宙数是多少啊？"

"宇宙数是古代希腊人发明的。"006边说边写,"古希腊人把1、2、3、4这四个数称为四象,长流不息的自然的根源就包含于四象之中。"

黄狗警官倒吸一口凉气:"这么深奥！"

"而把四象相加,就形成了广袤无垠的宇宙数。1+2+3+4=10,10就是宇宙数。"

黄狗警官点点头:"看来他们是把大熊猫藏在北山第10号山洞里。"

"咱们去解救大熊猫！"006和黄狗警官往山上跑去。他们来到北山就往山上走,来到10号山洞洞口,黄狗警官迅速趴在地上,拔出手枪,把手一挥:"咱俩往里冲！"

新式毒气

数学猴006一摆手:"不成！咱们在明处,他们在暗处,硬冲要吃亏。"

006采来许多树枝,用这些树枝扎成两个假人。

黄狗警官问:"你这是要干什么？"

"山洞里漆黑一片,咱们来个以假乱真！"

黄狗警官一竖大拇指:"高！实在是高！"

006和黄狗警官推着两个假人,一边吆喝,一边往里爬:"大熊猫,我们来救你了！"

"嗖！嗖！"忽然，两支暗箭从里面飞出，都射在假人身上。

"哇，我中箭了！没命啦！"006假装中箭，大声叫道。

一个蒙面人从里面跑了出来："哈哈，可以吃猴肉了！"

"哈，看你往哪儿跑！"跑出来的蒙面人刚想去抓006，黄狗警官忽然从后面用枪顶住了他的后腰："不许动！把手举起来！"

"摘下你的蒙面布，看看你到底是什么来路！"006说着就要去摘蒙面布。

蒙面人猛地推了一把黄狗警官："天机不可泄露！我走了！"说完掉头就跑。

"我看你往哪儿跑！"黄狗警官刚想举枪射击，006拦住了他："别开枪，抓活的！"

说时迟，那时快，006迅速拆开自己的毛衣，把毛线的一头挂在了蒙面人的身上。随着蒙面人的逃跑，毛线逐渐拆开，006的毛衣只剩下上面的一小半了。

黄狗警官埋怨006："你不让我开枪,这里面大洞套着小洞,他跑了,我们到哪里去追呀?"

006指指自己的毛衣："我把毛线的一头钩在了他的身上,你看,我的毛衣只剩一小半了。咱俩顺着毛线往前追,还怕他跑到天上不成?"

"你的主意太高明了!"说着,黄狗警官和006顺着毛线往前追。

由于洞里太黑,两人追着追着,咚的一声,黄狗警官一头撞到了门上。

黄狗警官捂着脑袋："我的妈呀,撞死我了!这里有扇门,门上好像有几个圆圈,还有字,但是看不清。"

006摸到几根树枝,把树枝点着,借着火光把门上上下下看了个仔细,只见门上写着："把从1到7这七个数字填到七个圆圈里,使每条直线上的三个数字之和都相等,且使外圈中的$a+c+e=b+d+f$,大门将自动打开(图1)。"

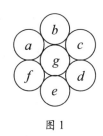

图1

黄狗警官问："006,这个问题要从哪儿入手?"

006想了想："1到7这七个数字,最中间的是4,而大小两头相加都相等:1+7=2+6=3+5=8。"

"我明白了。"黄狗警官说,"把4放在正中间,使得1、4、7,2、4、6,3、4、5各在一条直线上,它们相加都等于12。"

"对!还有一个条件哪,但是道理差不多,我填上吧!"006把数字填进圆圈里(图2)。

006刚填好,呼的一声,大门打开了,一股强烈的臊味从门里冲出,把黄狗警官和006熏得跌了一

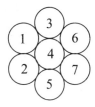

图2

个跟头。

黄狗警官捂着鼻子大叫:"哇,这是什么味道?"

006 捂脑袋:"我快窒息了!"

黄狗警官和 006 捂着鼻子冲进洞去,只见大熊猫晕倒在地上。

黄狗警官一指:"大熊猫在这里!"

006 忙问:"还活着吗?"

黄狗警官用手在大熊猫鼻子底下试了试:"他还有呼吸。"

"那不要紧,他是让臊味熏晕了。快叫醒他。"

"大熊猫,你醒醒!"黄狗警官不断摇晃大熊猫。

大熊猫喘了口粗气:"一个蒙面人冲我放了一个屁,就把我熏晕了。这哪里是屁,纯粹是新式毒气啊!"

黄狗警官问:"他们有没有伤害你?"

大熊猫一摸脖子,发现挂在脖子上的竹雕项链不见了,顿时放声痛哭:"哇,我最宝贵的竹雕项链不见了!那是我妈妈的妈妈的妈妈传下来的,现在丢了,这可怎么办哪?呜——哇——"

黄狗警官在一旁劝说道:"你不要难过,有神探 006 在,一定可以帮你把竹雕项链找回来。"

黄狗警官回头问 006:"咱俩怎么办?"

006 一挥手:"走,咱俩到自由市场转一圈!"

"去自由市场干什么?"

"他们抢走竹雕项链,一定会卖出去的。自由市场人多手杂,容易浑水摸鱼,把东西卖出去。"

黄狗警官点点头:"走!"

竹雕项链

数学猴006和黄狗警官穿着便装来到自由市场,只见市场上十分热闹,卖什么东西的都有。

忽然,一只大灰狼神秘地凑到006身边,小声问:"办证吗? 买美元吗? 买黄金吗?"

006压低声音问:"有宝贝吗?"

"有!"大灰狼拍着胸脯说,"只要你说出是什么宝贝,如果没有,兄弟我给你抢去!"

006一个字一个字地说:"竹——雕——项——链。"

"咦?"大灰狼的眼珠在眼眶里转了三圈,"我们刚弄到手的竹雕项链,你怎么知道?"

006皱起眉头,不耐烦地问:"真啰唆! 你到底卖不卖?"

大灰狼掏出两根蜡烛,同时点燃:"这两根蜡烛一样长,但不一样粗。粗蜡烛6小时可以点完,而细蜡烛4小时可以点完。当一根蜡烛的长度是另一根的2倍时,我拿着货在这儿跟你交易,过时不候。"说完头也不回地走了。

黄狗警官摇摇头:"这只大灰狼也真怪,不用钟表,而用蜡烛计时。"

006说:"黑社会里歪门邪道多。咱们要把交易的准确时间算出来。"

"这可怎么算?"

"由于两根蜡烛一样长,可以设它们的长度为1,"006边说边写;

"又设一根蜡烛燃到它的长度是另一根的 2 倍所需要的时间为x。这样,粗蜡烛 1 小时烧掉它长度的$\frac{1}{6}$,x小时就烧掉了$\frac{x}{6}$,剩下$1-\frac{x}{6}$。"

黄狗警官点点头:"是这么个理儿。"

006 接着说:"同样,细蜡烛 1 小时烧掉它长度的$\frac{1}{4}$,x小时就烧掉了$\frac{x}{4}$,剩下$1-\frac{x}{4}$。经过x小时,粗蜡烛的长度是细蜡烛长度的 2 倍,可以列出方程:

$$1-\frac{x}{6}=2\left(1-\frac{x}{4}\right),$$

$$\frac{6-x}{6}=\frac{2(4-x)}{4},$$

$$x=3。$$

要过 3 小时才能交易。"

"要过 3 小时吗?"黄狗警官急于抓住罪犯,急得抓耳挠腮。

006 笑着说:"人家都说我们猴子是急脾气,你黄狗警官比猴子还急,哈哈!"

好不容易熬过了 3 小时,黄狗警官迫不及待地说:"交易时间到了。"

006 和黄狗警官瞪大了眼睛,四处张望,果然看见大灰狼晃晃悠悠地走了过来。

大灰狼冲他们俩招招手:"咳,你们还行,准时来交易。"

006 往前走了两步,压低声音问:"货带来了吗?"

大灰狼把脖子一梗,一脸严肃地喊道:"这竹雕项链是稀世珍宝,怎么能在自由市场这么乱的地方交易?"

006 揪了一下大灰狼的袖子:"有话好好说,你嚷什么?你敢保证这里没有便衣警察？"

大灰狼吐了一下舌头，然后凑在006的耳边小声说："半小时后，到中心大街的一家咖啡馆里交易。咖啡馆的门牌号是一个左右对称的四位数，4个数字之和等于为首的两个数字所组成的两位数。"大灰狼说完，左右看了看，没发现什么特殊情况，一溜烟地跑掉了。

黄狗警官摇摇头："又出一道数学题！"

"好玩儿！"006遇到数学题就来劲了，"我设这个四位数是$abba$。"

"哎，你为什么不设这个四位数为x，而设成$abba$呢？"黄狗警官有点不明白。

006解释说："因为这个数是左右对称的四位数，设成$abba$可以用上给出的条件。"

006开始分析题目："大灰狼说'4个数字之和等于为首的两个数字所组成的两位数'……"

黄狗警官打断了006的话，问："4个数字之和是$a+b+b+a$，可是为首的两个数字所组成的两位数怎么表示？"

"写成$10a+b$啊！这时可以得到$2(a+b)=10a+b$，$b=8a$，由于a和b都是一位数，所以a只能取1，b等于8。"

"这么说咖啡馆的门牌号是1881了。"黄狗警官非常高兴，"走，到中心

大街 1881 号的咖啡馆去！"

"我拿上钱！"006 提着一箱子钱和黄狗警官直奔咖啡馆。

打开密码箱

在咖啡馆前，一个穿着破衣服的穷狐狸在向过路人要饭吃："可怜可怜我穷狐狸，给点吃的吧！"

黄狗警官一愣："奇怪，我第一次看见狐狸要饭。"

数学猴 006 也觉得奇怪："狡猾的狐狸怎么会要饭？咱俩要好好注意他。"

但时间紧迫，不容多想，他们俩赶紧迈步走进咖啡馆。

大灰狼迎了上来，笑呵呵地说："二位来得好快。"

006 提了提手中的箱子，说："我要看货。"

大灰狼却摇摇头："按道上的规矩，应该我先看钱。"

"看！"006 啪地打开了箱子，里面满满的都是金币。

"哇，这么多金币！看来我要发大财啦！"大灰狼看到金币，眼珠都发红了。

006 说："我把钱带来了，你的货呢？"

大灰狼交给 006 一张纸条："这上面写着价钱，你先算算这些金币够不够，钱够了再验货。"

006 打开纸条，黄狗警官急忙问："纸条上写的是什么价钱？"

006 看完了，把纸条递给黄狗警官。黄狗警官见纸条上写着：

买竹雕项链需要这么多金币：这些金币取出一半外加 10 枚给狐大哥，把剩下金币的一半外加 10 枚给狼二弟，再把剩下金币的一半外加 30 枚赠送给猴神探 006，钱就分完了。

"呀，还分给你一份哪！"黄狗警官撇撇嘴，"不用理他，他使的是离间计。006，快算出他要多少钱吧！"

"可以用倒推法来算。"006 边说边算，"最后他把剩下金币的一半外加 30 枚给了我，就分完了。这说明最后剩下的金币是 30×2=60（枚）。"

黄狗警官点点头："对！这 30 枚金币占了最后剩下的金币的另一半嘛。"

006 说："往前推，第二次是把剩下金币的一半外加 10 枚给狼二弟，分完剩下了 60 枚金币。由此可以知道，第二次分时，总共有（60+10）×2=140（枚）金币。"

"我也会算了。"黄狗警官说，"他们要的总钱数是（140+10）×2=300，啊，300 枚金币哪！他们要得也太多了！"

"先答应他，把他稳住！你出去看看要饭的狐狸还在不在。"006 小声说。

黄狗警官点点头就出去了。

006 回头对大灰狼说，"只要 300 枚金币？我带的钱绰绰有余，看货吧！"

提到看货，大灰狼面露难色。他支支吾吾地说："我不是不想给你们看，竹雕项链在我大哥手里。"

"你说的是狐大哥吧？"006 一语道破，"刚才我看到他在门口要饭哪！"

大灰狼吃了一惊："啊，你都知道了？"

黄狗警官慌慌张张从门外跑进来："不好，那个要饭的狐狸不见了。"

006 脸色骤变："啊，让他跑了？"

忽然，一声咳嗽传来，只见狐狸从外面走了进来。他已经不是要饭的穷酸相了，只见他身穿黑色的燕尾服，脖领打着蝴蝶结，戴着墨镜，叼着雪茄，一副绅士派头，手提一个精致的密码箱走了过来。

狐狸冲 006 点点头："谁说我跑了？我要完了饭，回家换了件衣服才赶来。不算晚吧？"

006 问："狐狸先生，货带来了吗？"

狐狸一提手中的密码箱："在这里边。不过，我这个密码箱很特殊，需要看货人自己来开。"

006 见这个密码箱的密码很奇特，是一个圆圈，里面并排分布着红、绿、黄 3 个小钮（图 3）。

006 问："怎么个开法？"

狐狸递给 006 一支电子笔："请你用这支电子笔，把这个圆分成大小和形状完全相同的两块，使一块中含有绿钮，另一块中含有黄钮。"

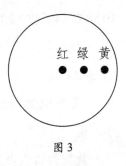

图 3

黄狗警官在一旁连连摇头："这开箱的密码也太复杂了！这谁会啊？"

狐狸嘿嘿一笑，说："听说猴神探 006 的智力超过著名的神探 007。这是对他的考验。"

006 拿着电子笔琢磨了一下，然后动手画："我先画一个同心圆，再画两条线。"006说着画出分法(图4)。

006刚画完,箱子里传出悦耳的音乐声,伴随着音乐声,密码箱慢慢地打开了。

大灰狼在一旁称赞:"006,聪明!"

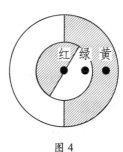

图 4

黄狗警官往箱子里

一看,发现里面不是竹雕项链,而是一把手枪:"有枪!"

说时迟,那时快,狐狸迅速拿起手枪,对准黄狗警官:"不许动!狼二弟,把装金币的箱子拿走!"

"好的!"大灰狼提起装金币的箱子,大步走出了咖啡馆。狐狸殿后,也见机逃走了。

虎穴擒敌

黄狗警官着急地说:"他们把金币抢走了,咱们快追吧!"

数学猴006一摆手:"不必了!他们拿走的是一台无线电发射仪。"说完,006从桌子下面拿出一个和大灰狼拿走的一模一样的箱子。

"装金币的箱子在这儿呢!"006说,"他带走的发射仪会不断地发射电波,我这儿有接收仪,就能随时知道他们俩的行踪。"

黄狗警官一竖大拇指："真酷！"

大灰狼提着箱子，和狐狸兴高采烈地往前走。

狐狸得意地把嘴一撇："哼，原本以为006有多了不起呢，没想到我略施小计，就把这笔巨款弄到手啦！"

"一个瘦猴，怎么能和大哥比呢？"大灰狼忽然觉得有点不对劲，把箱子上下提了提，"咦，我觉得这个箱子怎么这么轻啊？"

狐狸一惊："快打开看看！"

大灰狼打开箱子，发现里面一个金币也没有，只有一台无线电发射仪。他失望地说："啊，里面没有金币，只有一台仪器！"

狐狸眉头紧皱："这是一台无线电发射仪，坏了，我们被006跟踪了。"

"咱们快把这个无线电发射仪扔了吧！"

"不。"狐狸恶狠狠地说，"咱俩来个将计就计，带着它躲进虎窝，让老虎去收拾他。"

大灰狼一拍屁股，蹿起老高："大哥的主意绝了！"

006拿着接收仪和黄狗警官一直在后面紧追。黄狗警官抹了一把头上的汗，问："他们俩跑到哪儿去了？"

"仪器显示他们就在前面。"

黄狗警官一挥手："赶快追！"

他们俩追着追着，就追到老虎洞前了。

006看见老虎洞，倒吸了一口凉气："不好，狐狸钻进老虎洞里了。"

"啊？"黄狗警官也吓了一跳，"这只老虎外号叫'霸王虎'，蛮不讲理。咱俩可要格外小心！"

只听嗷的一声，老虎返回洞穴了。他指着006和黄狗警官喝道：

"你们往里偷看什么？是不是想偷我的东西？"

006 解释说："我们只是路过，随便看看。"

老虎疑心未消，瞪着两只灯笼般的大眼睛吼道："谁敢惦记我的东西，我就把谁的脑袋拧下来！"

006 和黄狗警官互相看了一眼，就走开了。黄狗警官吐了一下舌头："霸王虎回来了，咱们不能硬闯啦！"

006 抬头看见树上停着一只松鼠，说："我来问问小松鼠。"

"小松鼠，你知道霸王虎什么时候不在家吗？"

松鼠皱了一下眉头，说："我要查查记录本。"

松鼠戴上眼镜，看着记录本念道："霸王虎每天 7 点到 9 点肯定不去爬山，9 点到 12 点不去玩水，13 点到 14 点不去酒吧，8 点到 10 点不去捕食，13 点到 14 点不去找母老虎。完了！"

黄狗警官急了："你这是什么记录啊？只记霸王虎不去干什么事。"

松鼠把脖子一梗，斜眼看着黄狗警官："我就爱记老虎在什么时段不去哪儿，你爱听不听！"

黄狗警官一股怒火往上蹿："嘿，霸王虎门口的小松鼠也这么霸道！"

006 赶紧出来打圆场："小松鼠说的这个情报也很重要,我们可以从中分析出霸王虎在哪个时间段最有可能不在家。"

黄狗警官一脸怒气,问："这么乱,怎么分析啊?"

"可以先列张表。"006 画了一张表,指着表说,"霸王虎每天 7 点到 9 点肯定不去爬山,在 7 点到 9 点这个时间段就有可能在家。在这张表上,把霸王虎可能在家的时间段画上'×'。根据小松鼠提供的情报,可以在表上画出许多'×'。"

	7~8 点	8~9 点	9~10 点	10~11 点	11~12 点	12~13 点	13~14 点
爬山	×	×					
玩水			×	×	×		
去酒吧							×
捕食		×	×				
找母虎							×

006 又说:"凡是画'×'的时间段,可以肯定霸王虎不去参加某项活动,有可能在家。而没有画'×'的时间段,他最有可能不在家。"

黄狗警官指着表说:"我发现12点到13点这个时间段没有画'×'。"

006 说:"这说明,12 点到 13 点这个时间段霸王虎最有可能不在家,我们在这个时间段进虎穴最保险。"

"好,那咱俩就等这个时间进去。"说完,黄狗警官和006躲在草丛里,等候时机。

林中血案

忽听嗷的一声吼，霸王虎蹿出了洞。他看了一下手表："12点到了，该去泡酒吧喽！"说着呼的一声，带着一股山风走了。

数学猴006一摆手："快，冲进去！"

黄狗警官和006迅速冲进了虎穴。

此时，大灰狼和狐狸正躺在洞的深处休息。大灰狼得意地说："咱俩藏在这儿，绝对保险。006、黄狗警官拿咱们没辙！"

狐狸干笑了两声："嘿嘿，006和黄狗警官敢来，霸王虎会把他们吃了！"

两人正说得开心，只听得一声："不许动！举起手来！"黄狗警官用枪对准了大灰狼和狐狸。

狐狸先是一愣，接着就大喊："霸王虎快来呀！ 006私闯虎穴啦！"

006 迅速蹿了过来："你叫也白叫，霸王虎去泡酒吧了。把你抢走的竹雕项链还回来吧！"说着从狐狸的脖子上拿下了竹雕项链。

"完了！"狐狸一屁股坐在了地上。

黄狗警官用枪一捅狐狸："走，去警察局！"

狐狸哭丧着脸说："真不想去呀！"

黄狗警官和 006 将狐狸和大灰狼押送到了警察局，把竹雕项链归还给了大熊猫。

一天，黄狗警官和 006 正在林中散步。

黄狗警官说："解救大熊猫，夺回竹雕项链，006，你的功劳不小啊！"

"事情总算解决了，我也该休息了。"006 刚要走，一只小山羊从左边跑来，一只老母鸡从右边飞来。

小山羊气急败坏地说："黄狗警官，不好啦！杀人啦！我的弟弟被人害死啦！"

老母鸡说话的声音都变了调："我的四只小鸡被强盗吃啦！呜呜——"

黄狗警官冲数学猴做了一个鬼脸："006，看来你是休息不成啦！"

006 一挥手："快去现场看看！"

他们先来到小山羊的家，看见地上有一摊血迹。

006 让小山羊先说说发生命案的过程。小山羊咽了一口口水，定了定神："我一早就出去打草，中午回来就看见地上这摊血，再一找，弟弟不见了！我的好弟弟呀！呜——"

006和黄狗警官在现场仔细察看凶手留下的痕迹,黄狗警官忽然发现墙上用血写成的一个特殊符号(图5)。

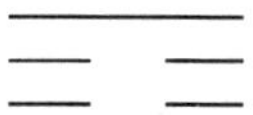

图 5

黄狗警官叫道:"006,你看这是什么?"

006走过来,仔细地看了看:"像中国的八卦,先把它拍下来。""喀嚓!"006用照相机把这个符号拍了下来。

006对黄狗警官说:"这里检查完了,该去老母鸡家了。"

他们俩刚要走,母兔带着哭声跑来了:"006,我家也发生血案啦!我的一双儿女被坏蛋杀了!请你一定要帮我找出凶手!"

"去看看!"006和黄狗警官由母兔带着到了她的家。黄狗警官很快发现墙上也有一个用血写成的特殊符号(图6)。

黄狗警官一指:"看!这里也有一个八卦!"

"照下来!"006立刻拍了照。

他们俩又马不停蹄地赶到母鸡家,在墙上发现了第三个八卦符号(图7)。

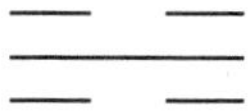

图 6 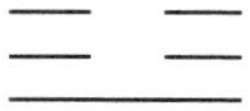　　　　图 7

黄狗警官问:"006,你说凶手为什么要留下这些符号呢?"

006说:"我也在思考这个问题,凶手留下这些特殊符号,肯定是想告诉我们点什么。"

突然,母兔拿着一封信跑了进来:"006,我在门外捡到一封信。"

"快拿来看看。"006 打开信,信的内容是:

006:

　　你快把我狐狸大哥和大灰狼兄弟从监狱里放出来。我已经杀了(图8)只羊,(图9)只兔,(图10)只鸡。这是对你的警告!明天你必须在离小山羊家(图11)米处的广场,把我狐狸大哥和大灰狼兄弟放了,否则,我明天晚上将杀死(图12)只猴子!

杀人魔王

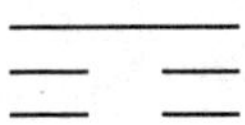

　　图8 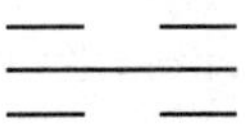　　　　图9 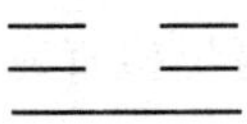　　　　图10 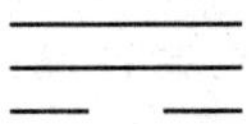　　　　图11 　　　　图12

"好凶狠的罪犯!"黄狗警官说,"这个自称'杀人魔王'的罪犯杀气十足,却一直不肯露面!"

"这个'杀人魔王'既然会画出这些特殊符号,说明他的智商不低。"006 说,"对这种罪犯只能智取,不能强攻。"

争抢钥匙

　　数学猴 006 说:"咱们把他留下的 5 个特殊符号,分析一下。"说着把 5 张照片一字排开放在了地上(图13)。

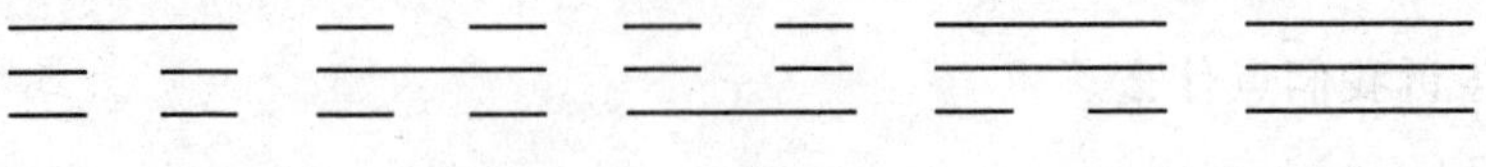

　　图13

006说:"把它们放在一起,便于比较它们有哪些相同的地方,有哪些不同的地方。"

黄狗警官仔细观察了一会儿:"咦,我发现每个符号都是由3条连续的或中间断开的短横线组成。"

006分析说:"你看,这里连续的短横线的位置很有讲究,如果只有一条连续的短横线,它在最上面时表示1,它在中间时表示2,它在最下面时则表示4。"

黄狗警官问:"这个符号(图14),它上面和中间各有一条连续的短横线,这表示多少?"

006说:"这个符号应该表示1+2=3。"

"这么说,杀人魔王让咱们明天在离小山羊家3米处的广场把狐狸放了。这个符号(图15)一定表示1+2+4=7,也就是说,否则,他将杀死7只猴子!"黄狗警官回头问006,"怎么办?放吧,等于放虎归山;不放吧,7只猴子有生命危险。"

图14　　　　　　图15

"放!咱们设个圈套,引蛇出洞!"

"放?放了可就抓不回来了。"

006说:"哪能随便放?要大张旗鼓地放!"

黄狗警官吃惊地说:"啊?还要大张旗鼓地放?"

"对!快准备好木栅栏,贴出告示,说明天上午9点在离小山羊家3米处的广场,释放狐狸和狼。"

006 忙开了,他在广场上用木栅栏围成一个圆形场子,在 A、B 处各立了一根木桩,木桩上各有一个铁环(图 16)。

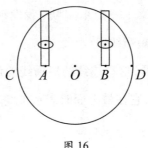

图 16

006 向黄狗警官介绍场子各部分的尺寸:"这个圆形场子半径是 20 米,A 和 B 各在半径的中点。在 A、B 点各立了一根木桩,木桩上各有一个铁环。"

006 拿出一根长绳,"这根绳子长 30 米。我把绳子从两个铁环中穿过,再用锁把狐狸锁在绳子靠 A 点的这端,把大灰狼锁在绳子靠 B 点的一端。"

006 又把钥匙挂在 C、D 点:"我把开狐狸锁的钥匙挂在 C 点,把开狼锁的钥匙挂在 D 点。"

第二天早上,来看热闹的动物越聚越多,大家都想看看 006 怎样释放狐狸和大灰狼。

006 看人来得差不多了,就当众宣布:"我正式宣布释放狐狸和大灰狼,但要他们自己开锁。钥匙离他们俩近在咫尺,谁能拿到钥匙,谁就可以打开锁。现在开始拿钥匙!"

狐狸听说开始,抢先向 C 点的钥匙奔去:"我得快去拿钥匙!"

几乎同时,大灰狼奔向了 D 点:"哈,我张手就可以拿到钥匙!"

但因为狐狸和大灰狼被拴在同一根绳子上,大灰狼往前一跑,就把狐狸拉了回来。

狐狸感到奇怪:"咦,我怎么离钥匙越来越远啦? 我要拼命拿到钥匙!"狐狸奋力向 C 点奔去,大灰狼被拉了回来。

大灰狼也感到奇怪:"谁在拉我往回跑?"他一回头,发现是狐狸干的。

大灰狼急了,指责狐狸说:"我去拿钥匙,你为什么把我往回拉?"

狐狸也正一肚子火,他冲大灰狼叫道:"是你拉我! 怎么会是我拉你呢?"

大灰狼来气了:"好,你不讲理,我就用力往前拉! 哈,我快拿到钥匙啦!"大灰狼的力气很大,他用力往前一拉绳子,就把狐狸拉到了木桩上。

狐狸大叫:"哇,我要被拉到木桩上了。"

眼看大灰狼要够到钥匙了,黄狗警官有点紧张。他捅了 006 一下:"006,你看! 大灰狼快够到钥匙啦!"

006 摇摇头:"没事,他够不着。"

"怎么够不到? 绳长 30 米,而 AD 距离恰好也是 30 米呀!"

"我在给他们俩上锁时,把绳子两头各向里折了 0.1 米。差 0.2 米,大灰狼是够不到的。"

这时，大灰狼和狐狸为了让谁先拿到钥匙而争吵起来。

大灰狼瞪着一对红红的大眼睛，叫道："你应该让我先拿到钥匙！"

狐狸把尾巴一甩："凭什么？我是大哥，我应该先拿到钥匙！"

"什么大哥不大哥的，不让我先拿到钥匙，我就咬死你！嗷——"大灰狼率先发起攻击。

"敢和大哥讨价还价，你不想活了？嗷——"狐狸也不示弱。

大灰狼和狐狸打了起来。

"好，打得好！"

"使劲打！"

围观的动物早就恨透了狡猾狐狸和凶狠的大灰狼，都在一旁拍手叫好。

巧摆地雷阵

正热闹间，一只戴着眼罩的独眼豹子跳进了场子。

豹子厉声喝道："住手！都什么时候啦，你们还自相残杀？"

狐狸看到独眼豹子，大呼："哇，豹子老弟来了，我们有救啦！快拿钥匙，把我的锁打开。"

006眼睛一亮："好！杀人魔王现身啦！"

黄狗警官吃惊地说："原来杀人魔王是独眼豹子。"

只见独眼豹子一蹿，就到了 C 点，伸手拿到了钥匙。

狐狸着急："豹子，快点！你快点给我开锁呀！"

"大哥别着急，我这就给你打开。"

可是独眼豹子怎么也打不开锁，急得哇哇直叫。

这时，006从腰间拿出一副手铐，边抖动手铐边说："独眼豹子，你这个杀人魔王！你拿的那把钥匙是开我手里这副手铐的。你快把这副手铐打开，给自己戴上吧！省得我们费劲。"

"哇，上006的当了，快跑吧！"独眼豹子蹿出栅栏，落荒而逃。

狐狸大喊："豹子，别忘了把我们俩救出去！"

独眼豹子跑得实在太快，一转眼就没影儿了，也不知道他到底听没听见。

眼看追不上独眼豹子了，黄狗警官狠狠地跺了一下脚："独眼豹子已经杀了7只动物了，一定要把他捉拿归案。"

"放心，饶不了他！"

"怎么才能抓到他呢？"

数学猴006低头想了一下："咱们已经打完了第一场战役，知道了杀人魔王就是独眼豹子。现在需要打第二场战役。"

"这第二场战役又如何打？"黄狗警官很感兴趣。

006小声说："独眼豹子一定会到监狱来救狐狸和大灰狼的，咱们给他摆个地雷阵。"

"地雷阵？好玩儿！"黄狗警官兴致大发，和006一起动手，摆起了地雷阵。

天刚黑，独眼豹子就鬼鬼祟祟地来到监狱外。

独眼豹子小声自言自语："我必须把狐狸大哥和大灰狼兄弟救出来！不然的话，人家该说我独眼豹子不讲义气了。"

独眼豹子的行动早被看守监狱的熊警察看在眼里："啊，独眼豹子来了！按着 006 的计划，我该装睡了。"

熊警察伸了个懒腰："呵——真困哪！现在反正也没什么情况，不如我眯一小觉！"说着抱着枪睡着了。

独眼豹子见时机已到，直奔监狱的大门。他贴着大门侧耳一听，里面传来"呼噜——呼噜——"的声音，熊警察睡得正香。

"熊警察睡着了，我赶紧去救人！"独眼豹子刚想打开监狱门，监狱上方的探照灯忽然唰的一声全亮了，几盏探照灯射出的强光，把独眼豹子罩在了中间。

"独眼豹子，你好啊！"

独眼豹子定睛一看，006 和黄狗警官出现在眼前，再一看，熊警察也站了起来，端着枪指着自己。

独眼豹子大叫："哇，又上当啦！"

006 笑嘻嘻地说："独眼豹子，我们等你很久了！"

独眼豹子嘿嘿冷笑了两声："我豹子可是短跑冠军，我要想逃，你们谁能追得上？"

"想逃？"006 不慌不忙地说，"你正站在一个地雷阵的中间，你要是乱走一步，就会踩上地雷。"

独眼豹子低头一看，发现自己站在了一个图形的中间（图 17）。他紧张地说："啊！我陷入了地雷阵，应该怎样走才能出去？"

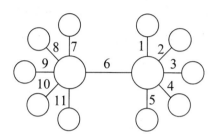

图 17

"出地雷阵不难。"006 说，"地雷阵短线上标有从 1 到 11 共 11 个数，你要把 0 到 11 这 12 个数填入圆圈中，使得短线上的每一个数都等于它两端圆圈内数字之差。如果你能全部填对，就可以顺利走出地雷阵。"

"如果我填错了一个，就会踩上地雷？"

006 点点头："对极啦！"

大蛇和夜明珠

"天哪！我该从哪儿开始填？"独眼豹子战战兢兢地开始填数，"我的腿怎么直哆嗦呀？"

独眼豹子左填一个不对，右填一个也不对，不一会儿就满头大汗："我真的不会填哪！与其被地雷炸死，还不如当你们的俘虏呢！006，我投降！"独眼豹子高举双手投降。

006笑眯眯地说:"识时务者为俊杰,投降就好!"

独眼豹子问:"006,我应该如何填,才能填对?"

006说:"关键是如何填好位于中心的两个数。其中一个填0最好,这时你在0周围的圆圈中填几,线段上的数也就是几。此时你应该在0的周围选大数来填,即7到11。"

独眼豹子按着006说的方法填好了一半(图18)。

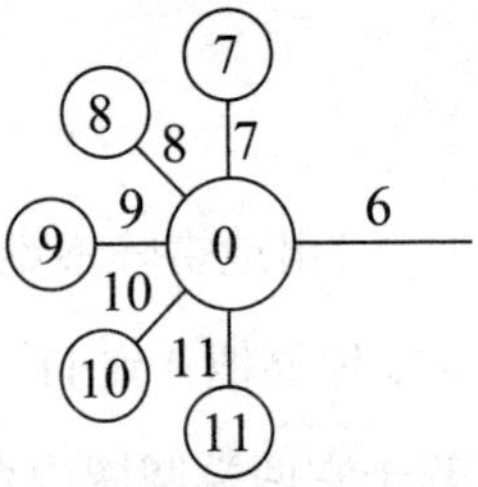

"嘿!知道了填的方法,填起来并不难!"独眼豹子接着问,"剩下的一半怎么填?"

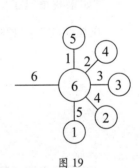

图18

"自己想去!"

"自己想就自己想!"独眼豹子边说边填,"由于正中间的短线段上写着6,那边的圆圈已经填0了,这边的圆圈就要填6。没错,就是6!"

不一会儿,独眼豹子把另一半也填完了(图19):"哈!我填完了!"

独眼豹子高兴地在地雷阵里边跳边唱:"我全填对了!啦啦啦——我可以走出地雷阵了!啦啦啦——"

图19

006亮出手铐:"独眼豹子,你既然投降了,快把手铐戴上吧!"

"戴手铐?"独眼豹子把独眼一瞪,"我可不戴那玩意儿,我还要逃走!"说完就要往外跑。

006一弯腰,把地雷阵的9改为8:"看你怎么逃!"

独眼豹子刚跑一步,只听轰隆一声,地雷爆炸,独眼豹子被炸上了天。

黄狗警官高兴极了:"杀人魔王再也害不了人啦!"

"独眼豹子真的被炸死了吗?"006四处寻找,"怎么不见他的尸体呢?"

黄狗警官摸了一下后脑勺:"他准是被炸成肉末了!"

006非常严肃地说:"不对,地上连一点儿血迹都没有,独眼豹子一定是跑了,咱俩分头去追!"

再说独眼豹子被地雷炸上了高空,又掉了下来,正好砸在一团富有弹性的东西上。

独眼豹子低头一看,自己砸在盘成一团的大蛇身上了。

"呀,砸死我啦!"大蛇一看是独眼豹子砸他,怒火中烧,紧紧缠住独眼豹子,张口就要吞,"你好大胆!敢砸我?我把你当作一顿美餐吃了吧!"

独眼豹子拼命挣扎,高喊:"冤枉啊!我是被地雷炸到这儿的!"

大蛇不理这一套,张开血盆大口,对准独眼豹子的头,就要往肚子里吞。

"大蛇口下留情!"006及时赶到,"独眼豹子是我们通缉的要犯,我们要把

他捉拿归案。"

大蛇把脖子一梗："他砸了我,不能白砸呀!"

006问:"你想怎么办?"

"嗯——"大蛇想了想,说,"你若能帮我解决一个难题,我就把独眼豹子交给你。"

"说说看。"

"我妈临死前,留给我两箱夜明珠。这两箱夜明珠的数目都是三位数,其中一箱夜明珠数的个位数是4,另一箱夜明珠数的前两位是28,两箱夜明珠数以及夜明珠数目之和恰好用到了0到9这十个数。我妈说,算不出这两箱夜明珠各有多少,这夜明珠就不归我。你能告诉我,这两箱夜明珠各有多少吗?"

大蛇刚说完,独眼豹子就抢着说:"你真笨!打开箱子数数,不就全知道了吗?"

大蛇把眼睛一瞪:"我吞了你!如果我妈让我打开箱子数,我还用求别人?"

山羊转圈

数学猴006略微想了想:"既然这里出现了10个不重复的数,两个箱子里的夜明珠数又都是三位数,那它们的和必然是四位数。不然的话,就凑不齐这10个数。"

大蛇点点头:"说得对!"

006接着说："其中一箱夜明珠数的个位数是4,可以设这箱夜明珠数为$AB4$。另一箱夜明珠数的前两位是28,可以设这箱夜明珠数为$28C$。"

独眼豹子虽然被大蛇紧紧缠住,可是他的嘴一点儿没闲着,他抢着说："可是和是个四位数,现在一个数字也不知道,看你怎么办?"

大蛇把独眼豹子的身子缠得更紧了些："独眼豹子,你死到临头了,还敢瞎说?"

独眼豹子立刻求饶："勒死我了! 我不说了,我不说了。"

006分析道："可以设和为$DEFG$。这时就有:

$$
\begin{array}{ccccc}
  & A & B & 4 \\
+ & 2 & 8 & C \\
\hline
D & E & F & G
\end{array}
$$

由于D是A加2进位得到的,D只能是1。"

独眼豹子说："没错,$D=1$。"他说完就后悔了,又自言自语道："你说我怎么就不能成为哑巴呢?"

大蛇狠狠瞪了独眼豹子一眼。

006说："再来分析A。由于A加2要进位,A的值一定要大。又由于8已经用了,A只可能取7和9。"

独眼豹子插话："猴子,A到底取7还是取9? 你得说准了呀!"

看来想不让独眼豹子说话是万万不可能的。

006并不生独眼豹子的气,他回答说："A不能取9。因为当十位不往上进位时,如果A取9,就有9+2=11,D和E要重复取到1,这是不成的;当十位往上进位时,如果A取9,就有9+2+1=12,E=2,但是2已经出现过了,又重复出现,也不成。"

独眼豹子立刻接话:"那A一定取 7 了。"

"对,$A=7$。"006 说,"剩下就好求了。$E=0,B=6,F=5,C=9,G=3$。这时可以知道,一箱有 764 颗夜明珠,另一箱有 289 颗夜明珠。你总共有 1053 颗夜明珠。"

大蛇听说有这么多夜明珠,眼睛一亮:"哇!我有一千多颗夜明珠,我是大富翁喽!"说着高兴地扭动身体,跳起了"金蛇狂舞"。

大蛇这么一跳,放松了对独眼豹子的缠绕,独眼豹子眼珠一转:"此时不跑,更待何时?跑!"立刻嗖的一声跑了。

待大家反应过来,独眼豹子早已不见了踪影。

黄狗警官用鼻子闻了闻,肯定地说:"独眼豹子往东山跑了!"

听说东山,006 不禁"啊"了一声:"东山的山洞极多,地势复杂,不

好抓呀！"

黄狗警官紧握双拳："独眼豹子是杀人魔王，不好抓也要抓，一定要把他绳之以法！"

大蛇也来气了："走，我和你们一起去抓这个坏蛋！"

006、大蛇和黄狗警官在追赶独眼豹子的途中，看见一只山羊在一个圆圈里乱转。

山羊瞧见有人过来，立刻求救："黄狗警官，我下山时刚好碰到独眼豹子，他抓住我说，后面有人追他，现在没工夫吃我，说完在地上画了一个圆圈，又写了一圈 0 和 1（图 20）。"

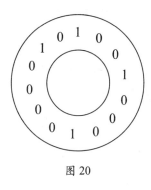

图 20

006 问："他让你在这个圆圈里乱转？"

"不是。"山羊摇摇头，"独眼豹子对我说，我可以从任何一个数字开始，按顺时针或逆时针读一圈，依次读完全部数字。如果我能找出最大的数和最小的数，就可以跳出圈逃走；要是找不出来，就只能等他回来吃我！"

"真不讲理！"黄狗警官低头仔细看了一下地上的圈，"哎呀，这一圈有 14 个数哪！最大的数是多少呀？"

0 活了

006 指着圆圈说："这里面有规律。你要想找最大的数,就应该让数字 1 尽量往高位上靠。"

"噢!"黄狗警官明白了,"我看出来了! 最大数应该是 10100100010000,十万零一千零一亿零一万。找最小数,就应该让 1 尽量往低位上靠。最小数是 00001000100101,十亿零十万零一百零一。"

"找到最大数和最小数,我可以走了。"山羊喜出望外,跳出圈就要走。

"慢!"006 拦住山羊,"你应该帮助我们抓住这个杀人魔王。"

山羊同意了:"我怎么帮你?"

006 对山羊耳语:"我让蛇盘成一个圆,然后在大圆圈边上充当一个 0,我和黄狗警官藏起来,然后你这样……"

"好,好!"山羊频频点头。

不一会儿,独眼豹子跑回来了,他问山羊:"你没找到最大数和最小数吧? 乖乖地让我吃了吧,我饿极了。"

山羊把眼睛一瞪:"谁说我没找到? 最大的数是一百零一万零十亿零十万。"

听到这个数字,独眼豹子一愣:"不对呀! 你说的这个大数是 15 位,而我记得刚才写的是 14 个数啊!"

山羊把头往上一扬:"不信,你自己查一查呀!"

少儿科普名人名著书系

"嗯,我是要检查检查。"独眼豹子沿着圆圈,逐个检查这些数(图21)。

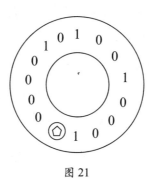

图 21

突然,独眼豹子发现了由蛇盘成的0:"嗯?这个0怎么这么大呀?"

山羊说:"你在外面看着大,站在0里面看就不大了。"

"是吗?我站进去看看。"独眼豹子半信半疑站进了由蛇盘成的0里。

独眼豹子刚站进去,大蛇立刻把独眼豹子缠住。

大蛇说:"我看你往哪儿跑!"

独眼豹子一看0变成了大蛇,知道自己上当了。他大叫:"呀!这个大0是条蛇,我落入圈套啦!"

这时,006和黄狗警官走了出来。

黄狗警官指着独眼豹子说:"这下你可跑不了啦!"

独眼豹子把嘴一撇,说:"猴子设圈套让我钻,我不服!"

"你服也好,不服也好,先戴上手铐吧!"黄狗警官给独眼豹子戴上手铐。

006说:"你身上背着好几条人命,不服也要接受审判。"

独眼豹子提高了嗓门儿喊道："哼,我有一个人见人怕的铁哥们儿,他一定会来救我的!"

　　"先别吹嘘你那个铁哥们儿,你现在要去监狱。走!"黄狗警官把独眼豹子押送进了监狱。

　　006冲独眼豹子摆摆手:"我们等着你的铁哥们儿来救你。"

　　006对黄狗警官说:"你先去忙别的案子,我在这儿等他的铁哥们儿。"说完,006加强了对监狱外面的巡视。

　　一连好几天没见什么动静,006有些纳闷:"我在这儿守候好几天了,独眼豹子的铁哥们儿怎么还不来?"

　　这时,黄狗警官举着一封信急匆匆跑来:"006,我在监狱后门的门缝里,发现了一封寄给独眼豹子的信。"

　　"快给我看看。"006接过了信,"这一定是独眼豹子的铁哥们儿来

的信。"

黄狗警官催促:"快打开看看。"

只见信的内容是:

亲爱的铁哥们儿——独眼豹哥:

听说你被006抓住,我将于X日Y时前去救你,如有可能,将
狐狸大哥、狼兄弟一起救出。请你提前和狐狸大哥、狼兄弟联系
好,做好准备。

你的铁哥们儿　鬣狗

黄狗警官摇摇头:"这X日Y时是哪日几时啊?"

006翻过信纸,兴奋地说:"这信的背面还有图呢。"

鬣狗劫狱

只见信的背面写着:

下面的两个立方体,是同一块立方体木块从不同方向看的
结果。这块木块的六个面上分别写着2、4、8、8、X、Y六个数字和
字母(图22)。X的数值在X的对面,Y的数值在Y的对面。

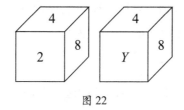

图22

006说:"这X和Y的秘密就藏在这个木块中。"

黄狗警官皱起眉头:"要转着圈看这块木块,还不转晕喽?"

"你仔细看,左图和右图有什么区别?"

黄狗警官仔细看了看:"上面都是4,右面都是8。只是左图前面是2,右图前面是Y。"

黄狗警官认真地想了一会儿:"上面、右面一样,可是前面不一样,这不对呀,前面应该一样才对!这是怎么回事呢?噢——我想起来了,这六个数中有两个8。右边是8,左面肯定也是8,这样,Y和2应该是对面,$Y=2$。"

"分析得对!"006鼓励说,"接着分析。"

"六个面中,前、后、左、右、上都知道了,只有下面不知道,不用问,下面肯定是X,这样X和4是对面,$X=4$。"黄狗警官高兴地说,"这么说,鬣狗要在4日凌晨2点来劫狱。"

"来得好!我要让这只小鬣狗有来无回!"006握紧右拳,用力地挥了一下。

4日凌晨,夜深人静,在监狱外面,鬣狗偷偷往监狱里看,监狱的窗户上映出独眼豹子的影子。

鬣狗刚想往监狱里冲,忽然又停住了脚步:"不成,006太狡猾了,别上他的当!我要仔细观察一下监狱的大门如何开。"说完他就蹑手蹑脚走到监狱的大门前。只见监狱门上挂着金、银、铜、铁四把钥匙,下面有写着1、2、3、4标号的四个钥匙孔。

鬣狗吃了一惊:"这个监狱大门可真怪呀!有四个钥匙孔,而金、银、铜、铁四把钥匙就挂在上面?咦,这下面还有字。"

监狱的大门上写着：

用金、银、铜、铁四把钥匙，分别插入下面写着1、2、3、4标号的四个钥匙孔，可打开监狱的大门。具体用法是：1号孔用银钥匙，2号孔用银或铁钥匙，3号孔用铜或铁钥匙，4号孔用金或铜或铁钥匙。不过这具体用法中，没有一个是对的。请开门吧！

鼹狗看完以后，只觉得脑袋一阵眩晕："说得这么热闹，结果一个都不对，让我怎么去开这个门呀？"

独眼豹子在监狱里看到了鼹狗，急得直跳："鼹狗好兄弟，快打开门让我出去！一会儿006来了我就跑不了啦！"

鼹狗着急地说："我也急得很，可是我不知道用哪把钥匙开几号孔哪！"

独眼豹子催促："时间不等人，你就瞎碰吧！"

鼹狗也就顾不了许多了，随便拿起一把钥匙就插进一个钥匙孔中。鼹狗只觉得脚下翻板一翻，咕咚一声掉进了陷阱里。

独眼豹子听见响声，还以为是监狱门打开了呢，他高兴地说："哈，门打开了！"

鼹狗在陷阱中高声叫道："不是监狱门打开了，是我脚下的陷阱门开了，我掉下来了！"

黄狗警官马上给鼹狗戴上了手铐。

006说："我要打开监狱门，把你也送进去！"

鼹狗摇晃着脑袋说："我倒要看看你是怎么用这四把钥匙开门的。"

"你还挺好学的。来，我来告诉你如何用这四把钥匙。"006说，

"首先你要弄明白，这上面写的四种用法都是错误的。"

鬣狗生气地说："倒霉就倒在这儿啦！"

006分析："这上面写着'4号孔用金或铜或铁钥匙'显然不对，4号孔必然要用银钥匙来开。"

鬣狗点点头："看来应该先从4号孔来分析。"

006接着说："上面写的'3号孔用铜或铁钥匙'是不对的，而银钥匙4号孔已经用了，3号孔必然用金钥匙。"

"我也会了！"鬣狗开始分析，"上面写的'2号孔用银或铁钥匙'肯定不对，而金钥匙被3号孔用了，2号孔只能用铜钥匙。剩下的1号孔就只能用铁钥匙啦！"

006点点头说："看来你鬣狗一点儿也不笨，就是不走正道。这样吧，你用这四把钥匙把监狱门打开吧！"

鬣狗高兴地拿过钥匙，铁钥匙插进1号孔，铜钥匙插进2号孔，金钥匙插进3号孔，银钥匙插进4号孔，四把钥匙都插好以后，只听得吱的一声，监狱门打开了。

鬣狗非常兴奋："哈，钥匙用对了，开门很容易嘛！"

在监狱里，狐狸、大灰狼、独眼豹子排成一排，异口同声地说："欢迎鬣狗兄弟进监狱！"

鬣狗长叹了一声："咳！完了，哥们儿四个都进来了！"

监狱暴动

牢房里,狐狸、大灰狼、独眼豹子和鬣狗头碰头地聚在一起,小声商量着什么。黄狗警官屏着呼吸在窗外监听。

大灰狼说话嗓门儿挺大:"咱们哥们儿不能在这儿等死呀,应该想办法逃出去!"

"嘘——"狐狸压低了声音说,"小点声说话,隔墙有耳!"

他们再商量时就近乎耳语,黄狗警官听不清了。

"他们策划越狱,我要赶紧找 006 商量对策。"黄狗警官一溜烟跑了。

黄狗警官找到006,着急地说:"006,狐狸他们在商量如何越狱哪!"

"是吗?"006皱了一下眉头,"噢,我们必须知道他们的越狱计划。"

黄狗警官摇摇头:"他们十分警觉,说话声音非常小,我听不清他们是如何商量的。"

"不要紧,我看中了一个山洞,稍加改动就可以做成一个牢房。"006画了一个图(图 23)。

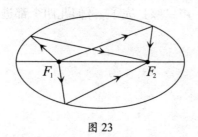

图 23

006指着图说:"这个天然形成的山洞是椭圆形的,椭圆有F_1和F_2两个焦点,从一个焦点F_1发出的光或声音,都会集中反射到另一个焦点F_2上去。"

黄狗警官不明白:"椭圆形的山洞,有什么用处?"

006解释:"在焦点F_1处安放石桌、石凳,给他们一个密谋的场所。我们在另一个焦点F_2处可以清楚地监听到他们的谈话(图24)。"

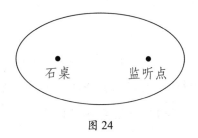

图 24

"好主意!我立刻去安排。"黄狗警官一溜烟似的跑了。

黄狗警官按006所说,把山洞里的石桌、石凳安放妥当,然后来到牢房,对狐狸、大灰狼、独眼豹子和鬣狗说:"你们这几天表现不错,给你们换一个好地方待待。"说完把他们四个押进了山洞。

走进山洞,独眼豹子环顾四周,点点头:"这山洞不错啊,冬暖夏凉。"

狐狸压低声音说:"这石桌、石凳太好了!咱们可以围坐在石桌边,商量如何越狱。"

傍晚,狐狸、大灰狼、独眼豹子和鬣狗围坐在石桌旁秘密商量越狱计划,006和黄狗警官在另一个焦点F_2处监听。

狐狸说:"明天是阴历初一,晚上没有月亮,咱们趁黑杀出去!"

大灰狼点头:"全听大哥安排!"

黄狗警官听得清清楚楚。

第二天夜晚来临,山洞外一片漆黑,山洞里漆黑一片。黑暗中有七个亮点在闪动,那是四个坏家伙的眼睛。

突然,大灰狼大喊了一声:"时候到了,弟兄们冲啊!"大灰狼带头往外冲。

"冲啊!"鬣狗、狐狸、独眼豹子紧跟着冲了出来。

他们冲出来一看,006和黄狗警官带领几只熊警察正在山洞口等着他们呢!

006笑着说:"哈哈,我们在这儿等候多时了!"

众熊警察平端着枪,大喊:"不许动!举起手来!"

四个罪犯看这个架势,都乖乖举起双手。

狐狸不明白,问:"怪了!我们密谋的暴动时间,你们是怎么知道的?"

006解释说:"你们越狱失败,我也要让你们明白为什么失败。实际上是这个椭圆形的山洞帮了我们的忙。"

"山洞还能帮忙?"

006把椭圆形山洞的奥秘给他们讲了一遍,四个坏蛋恍然大悟,个个捶胸顿足,大骂椭圆坏了他们的事。

006命熊警察把他们带到审讯室,开始审讯四个罪犯。

006问:"你们四个最初是谁出主意要越狱的?"

鬣狗抢着说:"是大灰狼和狐狸中的一个出的主意。"

独眼豹子指着狐狸说:"就是狐狸出的主意。"

大灰狼把狼眼向上一翻:"反正我没出主意。"

狐狸面红耳赤："我才没出这个主意呢！"

黄狗警官小声问006："没人承认，怎么办？"

006一指大灰狼："大灰狼！老实交代，你们四个人中有几个人说了实话？"

大灰狼不敢怠慢："我保证，有三个人说了实话，只有一人说了谎话。"

006马上判断出："出主意的一定是狐狸！"

狐狸一听，立刻又蹦又跳："冤枉啊！我狐狸确实爱出个主意什么的，可也不能一出什么事就赖我呀！006,说话要有证据，你凭什么说是我出的主意？"

"我会让你心服口服的。"006说，"假设独眼豹子说的是谎话，就是说你狐狸没有出主意。"

狐狸高兴地点点头："这就对了！"

006向前跨了一步："可是你们四人中只有一人说谎，那么鬣狗和大灰狼说的都是真话。鬣狗说是你和狐狸之中的一个出的主意，而大灰狼说他没出主意，把他们两个人的话综合在一起，就说明是你出

的主意。这样一来,与你狐狸没有出主意矛盾。"

狐狸把双手一摊:"这矛盾又能说明什么呢?"

"说明我们假设独眼豹子说谎是错的,独眼豹子说的是真话。"006又往前跨了一步,"狐狸,我问你,独眼豹子是怎么说的?"

狐狸摸了一下脑袋:"独眼豹子说主意是我出的。啊,是独眼豹子出卖我,我和他拼了!"

黄狗警官眼明手快,一把揪住了狐狸,飞快地给他戴上了手铐:"狐狸,老实点!你是策划越狱的主谋,你是罪魁祸首!"

"哇,完了!"狐狸身子一软,瘫倒在地上。

不久,法院召开宣判大会。大法官进行宣判:"判处狐狸死刑,立即执行。大灰狼和独眼豹子均判无期徒刑,判处鬣狗10年有期徒刑。现在把狐狸押赴刑场,执行枪决!"

两名熊警察架起狐狸就往外走。

狐狸长叹了一声:"唉,我斗不过数学猴006!"

爱克斯探长智闯黑谷

化装侦察

数学探长爱克斯与和平城驻军司令小胡子将军是老朋友了。爱克斯探长帮助小胡子将军侦破了一个又一个复杂的案件,取得一个又一个胜利。和平城在小胡子将军的治理和爱克斯探长的帮助下,犯罪案件逐年减少,呈现出一派和平景象。但是,离和平城大约50千米,一处叫黑谷的地方,却成了犯罪分子聚集的场所,他们在这里贩卖毒品,倒卖军火,杀人越货,无恶不作。

一天,爱克斯探长来到小胡子将军司令部。小胡子将军赶忙起来相迎,两人紧紧握手。

小胡子将军问:"奇怪呀,什么风把探长给刮来了? 我们和平城近来可没发生什么大案。"

爱克斯探长笑了笑，说："和平城里没事，可是城外不安宁啊！"

小胡子将军拍着爱克斯探长的肩膀问："这么说，你是为了黑谷而来？"

爱克斯探长微笑着点了点头："将军一猜便中，我正是为黑谷之事来贵司令部搬兵的。"

"太好啦！"小胡子将军用力一拍手，"探长不来，我也准备去消灭黑谷中的犯罪分子。咱们联手作战，必须彻底地消灭这群坏蛋！"

爱克斯探长收敛了笑容，停顿了一下，说："恐怕没那么简单。黑谷中的犯罪分子非常狡猾，他们手段十分毒辣，并不好对付。"

小胡子将军往前走了一步，问："探长的意思是……"

"为了摸清黑谷的底细，我们来一次化装侦察。"爱克斯探长指了指自己，说，"我化装成大公司的董事长。"

"像！探长的块头和派头，不用化装就是一名董事长。"小胡子将军频频点头，又问，"探长，你看我化装成什么好？"

"你嘛……"爱克斯探长围着小胡子将军转了一圈儿，上下打量他，"你长得比较瘦，又留着小胡子，我看你化装成算命先生最合适！"

"算命先生？我可不会算命！"小胡子将军对自己要扮演的角色没有信心。

爱克斯探长笑笑说："这些匪徒都非常迷信，把算命先生的话句句当真！"

大头参谋长和炮兵团长闻讯跑来，也要求化装侦察。爱克斯探长叫大头参谋长化装成他的保镖，让炮兵团长化装成黑帮头子，挑选

哇！酷毙了！

几个枪术好、武功高的士兵化装成打手，准备来个以毒攻毒。

经过一番打扮，他们个个变了样。爱克斯探长身穿名贵西装，戴着墨镜，只是嘴中叼的还是那只大烟斗。大头参谋长开着一辆"宝马"车来接他。大头参谋长下身穿牛仔裤，上身穿黑色大背心，两条满是肌肉的胳膊露在外面，腰里别着两支大号手枪，也戴着一副墨镜，头剃得锃亮，光可照人。

大头参谋长打开车门，爱克斯探长上了车，汽车一阵风似的开走了，直奔黑谷。

表面上看，黑谷并没有什么特殊的地方。一条大街，两边有各种各样的商店，卖什么的都有，不过来买东西的人不多。附近的居民都知道，这些商店并不是在卖货架上摆着的货，真正卖的货，要到后面密室里才看得到。

他们的车在一家卖装饰材料的商店前停下。爱克斯探长走出汽车，进了商店，也不和店员打声招呼，径直向后面走去。

店员刚想阻拦，大头参谋长低声说了句："做大买卖的！"说完直奔后面的密室。密室里设施十分简单，一条长桌，两边各有几把椅子。爱克斯探长坐在椅子上，大头参谋长站在椅子背后。

里面的门一开，三个人走进来，其中两个年轻人都戴着一个大耳环，一看就是打手。一个中年人，肤色较黑，体格很魁梧，坐到了爱克斯探长对面。

中年人问："要什么？"

爱克斯探长说："前几天，大成珠宝行丢了一批非洲钻石，我想都买过来。"

中年人一怔，接着又笑了笑，说："只能卖给你一颗。"

爱克斯探长问："什么价钱？"

中年人说："价钱嘛，是个六位数，其个位数字是6，如果将6移到最高位的数字前面，所得的新六位数恰是原数的4倍。你看怎么样？"

爱克斯探长回头对大头参谋长说："你来算算价格是多少。"

大头参谋长说："它是一个六位数，个位数字是6。可以设前五位数是x，这个六位数就是$10x+6$。把6移到最高位数前面，它就变成6×100000，新的六位数是$600000+x$。这时新数是原数的4倍，可列出方程：$4(10x+6)=600000+x$，$39x=599976$，$x=15384$。"

爱克斯探长吸了一口烟斗，说："这颗钻石开价是153846美元喽？"

中年人把身子往前一探，说："花15万美元买这么好的非洲钻石，你算捡了一个大便宜！"

爱克斯探长好像不把15万美元当回事，说："只要货好，我不怕花钱。我要看看货！"

中年人冷笑了一声，说："看货？要一手交钱，一手看货！"

爱克斯探长站起来，对大头参谋长一扭头，说："既然这笔买卖不想做，咱们走！"两人刚要迈步，对方的两名打手飞快地掏出手枪，喝道："走？没那么容易！摸了我们的底，想溜，没门儿！"

非洲钻石

"你们想干什么？""砰、砰"，大头参谋长甩手就是两枪，"当啷、当啷"，这两枪将两名打手的耳环打落在地。

两名打手同时用手摸了一下自己的耳朵，惊叫："好厉害的枪法！"

"哈哈，"中年人大笑了两声，说，"果然身手不凡！有这么好枪法的只可能是两种人。"

大头参谋长问："哪两种人？"

"要么是杀人如麻的土匪，要么是身经百战的警察。"中年人盯着大头参谋长说，"至于你们二位是什么人，只有你们自己知道！"

"买卖要做，货让看，可是货在黑谷第几号房子里，我可不清楚。有本事自己算去吧！"中年人在纸上写了几行字，又画了几个圆圈递给爱克斯探长。

爱克斯探长接过纸条一看，只见上面写着：

非洲钻石在黑谷第 m 号房子，

$$m=[\bigcirc \div \bigcirc \times (\bigcirc + \bigcirc)]-(\bigcirc \times \bigcirc + \bigcirc - \bigcirc)$$

从 1 到 9 中不重复的选出 8 个数,分别填进上面圆圈中,使 m 的数值尽可能大。

爱克斯探长冲中年人微微一笑,把纸条装进口袋里就走了出去。两个人上了汽车,大头参谋长回头把纸条要了过去。他看着这张纸条,自言自语地说:"既然要 m 最大,最左边一个圆圈一定要选最大的 9,第二个圆圈要选最小的 1。"

爱克斯探长在后排座说:"两个圆圈相加也要尽量大,一个填 7,一个填 8。"

"对。"大头参谋长说,"右边的圆括号前面是减法,要求括号内的值尽量小。现在还剩下 2、3、4、5、6 五个数没用,选哪四个呢?"

他想了一下,忽然一拍大腿,说:"有啦! $\bigcirc \times \bigcirc + \bigcirc$ 这三个圈尽量填小一点的数,而最后一个圆圈要填大数。"说完就填好了:$[⑨ \div ① \times (⑦ + ⑧)]-(② \times ③ + ④ - ⑥)=131$。

爱克斯探长催促说:"咱们快去黑谷 131 号。"

大头参谋长开车直奔 131 号。刚下车,他率先闯了进去,进门就说:"我要买非洲钻石。"话声未落,两条汉子从门后一左一右蹿出来,扭住大头参谋长的双臂要制服他。说时迟,那时快,大头参谋长大喊一声:"滚开!"他用他那大号脑袋,照着两个汉子的胸膛一人给了一个"羊头"。这一招十分厉害,两名壮汉被撞得倒退几步坐在地上。

大头参谋长迅速亮出手枪,抵住两个壮汉:"不许动! 敢动一下,我就打死你们!"

"果然好身手！"坐在沙发上的一个老头笑眯眯地说，"二位是来看货的，请坐！"然后向后一招手。一个又高又壮的男青年捧着一个锦缎盒走了出来，里面有一颗栗子大的非洲钻石。

爱克斯探长拿起钻石仔细看了看，啪的一声扔在地上，生气地说："拿个圆球来骗我！"

老头从沙发上忽地站了起来，指着爱克斯探长："你……"

爱克斯探长拍了拍老头的肩，说："别着急，别着急。丢失的这批价值连城的非洲钻石一共5颗，分别叫作火、风、土、水和宇宙。"

"噢，你还挺在行，接着往下说。"老头又慢慢坐了下来。

爱克斯探长掏出他的大号烟斗，放进烟丝，点着，慢慢地吸了一口，说："非洲钻石被加工成正多面体形状，而正多面体只有5种形状：正四面体、正六面体、正八面体、正二十面体和正十二面体。在古希腊，这5种正多面体分别表示火、风、土、水和宇宙。所以这5颗非洲钻石被起了这样一组名字。"

勤学好问的大头参谋长对这个问题产生了兴趣，他问："为什么正多面体只有5种呢？"

爱克斯探长瞪了大头参谋长一眼,心想:这是什么时候,你还有空间数学问题?但是表面上,爱克斯探长还要装着若无其事的样子。他笑了笑,说:"今天咱们是来做买卖的,有些问题来不及细讲,我可以告诉你一个最基本的定理,用 v 表示一个凸多面体的顶点数,e 表示它的棱数,f 表示它的面数,这三者应该满足关系式:$v-e+f=2$。"

老头身子往前探了探,问:"这火、风、土、水和宇宙 5 颗钻石,你想买哪颗?"

"宇宙。"爱克斯探长毫不犹豫地说,"我要买'宇宙'。有了宇宙,就有了世界上的一切!"

老头微微地点了点头,心想:这个买主是绝对的内行!老头笑了笑,说:"货要卖给识家,宇宙宝石是这 5 颗宝石中最大、成色最好、最珍贵的一颗。你要买这颗'宇宙',15 万美元是买不了的。"

"货再好,总有个价,你开个价吧!"爱克斯探长从口袋里掏出支票本,等着老头报价。

老头想了想,说:"你先给 10 万美元订金,两天后再带 90 万美元来取货。"

爱克斯探长立刻开了一张 10 万美元的支票递了过去,站起来挥了挥手,说:"两天后再见!"说完与大头参谋长走了出去。

老头手里拿着支票,皱着眉头说:"这个买者到底是什么人?"两个打手也摇了摇头。正在此时,外面传来算卦人的吆喝声:"算卦,算卦,最新科技的电脑算卦!百算百准!"

老头眼睛一亮,对打手说:"把算卦的叫进来!"

科学算卦

算卦先生走了进来,只见他五十多岁,瘦高个儿,嘴唇上留着两撇小胡子,穿着深灰色的中式长衫,右手提着一台最新式的笔记本电脑,左手拿着一个布招牌,上面画着一个八卦,下写"科学算卦"四个大字。

算卦先生在沙发上坐好,问:"不知老先生想问什么?"

老头冷冷地说:"我要问'宇宙'的前途。"

"宇宙?"算卦先生微微一怔,接着笑了笑,说,"老先生好大气魄,张口就问宇宙!按照古希腊大数学家毕达哥拉斯的观点,数 10 代表宇宙。"他打开笔记本电脑,按了几下键,屏幕上立刻显示出一个算式:10=1+2+3+4。

算卦先生指着屏幕说:"这 1、2、3、4 四个数为四象,长流不息的自然的根源就包含于这四象之中。整个宇宙就是由 10 种对立物所构成,它们是奇与偶,有界与无界,善与恶,左与右,一与多,雄与雌,直与曲,正方与长方,亮与暗,静与动。"算卦人这一番话把老头说得频频点头,心想:这算卦先生是个老手。

算卦先生喝了一口水,说:"既然宇宙是 10,'宇宙'的前途必然是十全十美,是极好的前程。"

老头脸上露出了笑容,他又问:"'宇宙'能卖出去吗?"

算卦先生答:"我只能算出有百分之几的可能性。"

老头点点头说:"算出可能性也行。"

算卦先生在键盘上按了两下,屏幕上显示出x%。算卦先生问:"x除以2,你希望余几?"

老头说:"一个自然数被2除。如果有余数,只能是1呀!"

算卦先生又问:"x除以3,你希望余几?"

老头说:"余2。"

算卦先生接着问:"如果x再分别除以4,除以5,你希望余几呢?"

老头答:"前一个余3,后一个余4。"

"好!"算卦先生在键盘上又按了几下,屏幕上显示出:$x=59$。

"59?对吗?"老头自己心算了一下,"这个数除以2余1,除以3余2,除以4余3,除以5余4。如果给这个数加上1,变成$x+1$,它必然能够同时被2、3、4、5整除,这个$x+1$就应该是2、3、4、5的最小公倍数,是60。$x=59$,对,没错!"

算卦先生指着屏幕说:"'宇宙'卖出去的可能性是百分之五十九。"

"嗞——"老头倒吸了一口凉气,说,"这个百分比可不高呀!"

两名打手在一旁说:"这买卖不做了。两天后他们来,咱们把他们收拾了,钱咱们留下!"

"胡说!"老头把眼睛一瞪,"有这么做买卖的吗?"他转过脸对算卦先生说:"你给算算,这笔买卖怎样做,才能挣大钱?"

算卦先生又按了一下键盘,屏幕上显示出:$1 \times 2 \times 3=6$,$1+2+3=6$。

算卦先生紧皱眉头，自言自语地说："6！做成这笔买卖一定要和6有关。"

"6？"老头也在琢磨这个神奇的数。突然，他一拍大腿，说："我明白了，要6颗钻石一起卖给他们！"

一名打手提醒说："头儿，别忘了，咱们只有火、风、土、水、宇宙5颗钻石！"

老头又一瞪眼，吼道："傻子！咱们给他们搭上一颗假钻石，这颗假钻石能净挣他们几十万美元！"

另一名打手问算卦先生："1×2×3=6 和 1+2+3=6，这两个式子是怎么算出来的？"

"问得好！"算卦先生称赞说，"凡事总要有个道理。什么数最完美无缺？当这个数除去它自己之外的因数之和仍然等于自己时，它才完美无缺。而最小的完美无缺的数就是6。你们把6颗钻石一起卖，一定能卖成！"

"借你的吉言！谢谢算卦先生。"老头递给算卦先生100元酬金。

算卦先生刚出门，老头小声对一名打手说："跟着他，看他往哪儿去！"打手答应了一声，闪身走了出去。

算卦先生在黑谷中继续向前走，一边走一边吆喝，打手在后面紧紧跟着。突然，一个壮汉从路边走出来，他长得又高又壮，留着络腮胡子，左眼还戴着个眼罩，右手拿着一沓钞票，上前拦住了盯梢的打手。

壮汉低声问："换美元吗？"

打手正急于跟踪算命先生，哪儿有工夫和他换美元，摆摆手说："不换！"

　　壮汉一把拉住打手,急切地说:"我愿出高价和你换,我有急用!"

　　打手一瞪眼,恶狠狠地说:"你等着急用,我还有急事呢!快走开,别找不自在!"

　　壮汉也提高了嗓门,说:"不换就不换,你横什么?"

　　"我横?我还打你呢!"打手伸出右拳来了个"黑虎掏心"。

　　"跟我玩儿几手!"壮汉闪身躲过来拳,抬起左腿照着打手的前胸就是一脚,"噔、噔、噔",打手一连退了三步,"扑通",一屁股坐在了地上。打手哪儿吃过这亏,从地上跳起来就和壮汉打在了一起。可是他哪里是壮汉的对手,几个回合下来,已经是鼻青脸肿了。打手再一看,算卦先生早已不知去向。

　　打手指着壮汉说:"好样的,你在这儿等着!"然后撒腿就往回跑。

　　壮汉摘下眼罩哈哈大笑。这个壮汉到底是谁呢?

开箱密码

你知道这个戴眼罩的壮汉是谁吗？他正是炮兵团长。爱克斯探长让小胡子将军化装成算卦先生，去稳住黑社会老头，又让炮兵团长化装成独眼壮汉，去截住跟踪小胡子将军的打手，看来一切进行得很顺利。

黑社会老头倒背双手在屋里转着圈儿。在做成一笔大买卖之前，他总要绞尽脑汁盘算。刚才算卦先生的吉言，给他增添了不少信心，他觉得这笔非洲钻石买卖可以做成，可以赚大钱。

两天过去了，爱克斯探长和大头参谋长如期来到黑谷 131 号。大头参谋长手里提着一个大号密码箱，不用问，那是满满一箱子美元。

老头微笑着冲爱克斯探长点了点头，说："上次你给我那张 10 万美元的支票，我怎么取不出钱来？"

爱克斯探长一拍大腿，说："嘿，我忘记告诉你密码了！我现在告诉你。"

老头一摆手，说："不必啦，咱们还是一手交现金，一手交货吧！带现金了吗？"

爱克斯探长指了指密码箱，说："我带的钱有富余，货呢？"

老头从桌子底下也拿出一个密码箱，把箱子往桌上一放："6 颗钻石都在里面。"

爱克斯探长一皱眉头，问："这组非洲钻石只有火、风、土、水、宇宙,一共5颗呀,怎么变成6颗了?"

老头哈哈大笑:"看你是个钻石行家,我把一颗名叫'皇后'的稀世珍宝也一同卖给你,6颗钻石120万美元,便宜你啦!"

爱克斯探长点燃他那只大烟斗,吸了一口烟,吐出一串烟圈儿:"只要货好,有多少我都要。"

"痛快!"老头把密码箱往爱克斯探长面前推了推。

爱克斯探长一伸手,问:"密码?"

老头递给他一张卡片,卡片上写着:

一串数按下面的规律排列:

1,2,3,2,3,4,3,4,5,4,5,6……

从左边第一个数数起,数100个数,这100个数之和就是开箱密码。

大头参谋长伸长了脖子,认真看这张密码卡片,自言自语地说:"要数100个数,这第100个数是几呀?"

爱克斯探长认真观察卡片上这串数,忽然拿出钢笔,在这些数中画了许多括号:(1,2,3),(2,3,4),(3,4,5),(4,5,6)……

大头参谋长一拍大腿,说:"这括号加得真妙!3个数一组,每组第一个数依次是1,2,3,4……想求第100个数,只要做个除法就可以了:$100 \div 3 = 33 \cdots\cdots 1$。说明从第一个数到第99个数,正好是33个括号,最后一个括号的3个数必然是(33,34,35),而第100个数是第34个括号里的第一个数,必然是34。"

爱克斯探长满意地点了点头。老头干笑了两声,说:"这位保镖不仅武艺高强,数学也不错呀!"

大头参谋长皱着眉头问:"可是这个和怎么算呢?"

爱克斯探长提示说:"每一个括号里的数都是相邻的自然数,这3个数的和是很容易求的。"

"对。"大头参谋长开了窍,他说,"每一组3个数之和等于中间一个数的3倍。这样,前100个数的和,等于

$$2\times3+3\times3+4\times3+\cdots+34\times3+34$$

$$=(2+3+4+\cdots+34)\times3+34$$

$$=\frac{2+34}{2}\times33\times3+34$$

$$=1816$$

老板,密码是1816。"

大头参谋长拿过密码箱,正要按动密码开箱。老头一举手说:"慢!你们要看我的钻石,我也要验你们的美元,请把你们的密码箱和开箱密码给我。"

大头参谋长把自己带的密码箱递了过去,而爱克斯探长扔过去一张密码卡片。

老头接过密码卡片一看,不禁倒吸了一口凉气。他咬着牙根说:"你是想把我转糊涂了,没门儿。"

卡片上是这样写的:

　　下图是一条转圈儿折线,图上的标号表示折线的段数,每段长可以从小方格中读出。密码是第1995段线段的长度。

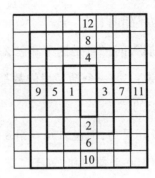

老头两只眼珠乱转，在琢磨着解法。突然，他一拍大腿，说："有啦！可以把这些段数分为两类：单数段和双数段。先看双数段2、4、6、8段，它们的长度分别是1、2、3、4，也就是说它们的长度是段数的一半。"

"高，实在是高！"几名黑帮打手一齐竖起大拇指夸奖老头。

老头十分得意，继续解算密码："而第1段比第2段长1，第3段比第4段长1。总之，每个奇数段都比它大1号的偶数段长出1来。1995段是奇数段，它的长度是 $1996 \div 2 + 1 = 998 + 1 = 999$。哈，密码是999！"

老头迫不及待地按动密码，吧嗒一声，箱子开了一条缝儿，一股白烟呼地从箱子里冒出。"啊！"匪徒们大叫了一声。

弹子游戏

黑帮老头刚刚打开密码箱，突然从箱中冒出一股白烟。老头和他的几名打手闻到这股白烟，纷纷倒地，不省人事。

"哈哈，他们都倒了！"大头参谋长向门外一招手，几名士兵进来给老头和几名打手戴上了手铐。

"我来看看这 6 颗钻石。"说着，大头参谋长就要按动密码。

"慢！"爱克斯探长赶忙拦住了他，"我怀疑这密码箱里装的根本不是钻石，而是炸弹！"

大头参谋长嘿嘿一笑，说："他也跟咱们学？"他打电话请来了爆破专家。经专家拆卸，发现箱里装的是爆炸力极强的定向炸弹。

钻石藏在什么地方呢？

爱克斯探长和大头参谋长展开搜查。大头参谋长在一幅画的后面发现了一个红色电钮。翻过画来，看见画的后面有两行算式：

$$a ☆ b = a × b - (a+b)$$

$$(3 ☆ 4) ☆ 5 = ?$$

大头参谋长指着这两行算式问爱克斯探长："这是什么怪算式，怎么里面还有五角星？"

爱克斯探长仔细看了看，说："这恐怕是找到非洲钻石的关键！这个五角星表示钻石的光彩，而第一行算式定义了关于五角星的一种运算。"

"关于五角星的一种运算？"大头参谋长摸着自己的大脑袋，已经不知道哪边是北了。

爱克斯探长解释道："$a \, \star \, b$ 定义了这样一种新运算：a 和 b 先做乘法，再减去 a 与 b 的和。按照这种新运算可以计算出 $(3 \star 4) \star 5$ 的值来。"

"噢，我明白了。"大头参谋长可是个明白人，他只要懂得了其中的道理，就会计算：$3 \star 4 = 3 \times 4 - (3+4) = 12 - 7 = 5$，$(3 \star 4) \star 5 = 5 \star 5 = 5 \times 5 - (5+5) = 25 - 10 = 15$。

大头参谋长问："这 15 是不是表示按 15 下红色电钮？"

"你试试看。"爱克斯探长点了点头。

当大头参谋长按到第 15 下时，一块地砖忽然升了起来，在地砖下面有一个铁盒，打开铁盒一看，5 颗非洲钻石都在里面。

爱克斯探长微笑着说："我来黑谷要破的第一个案子告一段落了。"

大头参谋长忙问："那第二个案子又是什么？"

"第二个案子嘛——黑谷里藏着一个暗杀集团，只要你肯出高价，让他杀谁都成。"爱克斯探长说，"他们已经暗杀了好几名军政要人，听说下一个目标是暗杀一位司令官！"

"这位司令官会不会是我啊？"小胡子将军拿着算卦的布幌子走了进来。

大头参谋长哈哈大笑，说："天下那么多司令官，怎么会是你呢！"

爱克斯探长却严肃地说："你有什么理由说他们想暗杀的不是小胡子将军呢？"

"这……"大头参谋长被问住了。

"报告！"一名司令部的卫兵从外面走进来,对小胡子将军说,"友谊城驻军司令来电话,请您今天晚上去友谊城赴宴。"

小胡子将军笑呵呵地说:"老朋友又想我了,晚上我一定去!"

"慢着!"大头参谋长瞪大了眼睛,说,"去友谊城必然要经过黑谷,暗杀集团正要杀一名司令官,这多危险哪!"

小胡子将军也倒吸了一口凉气,他皱起眉头说:"可不能因为怕被别人暗杀,就不去会见老朋友啊!这要让人家知道,还不叫人耻笑?"

爱克斯探长建议:"宴会还是得准时去,咱们先去黑谷侦察一下,看有什么异常没有!"

爱克斯探长和大头参谋长在黑谷中闲逛,忽然发现有一群人围着一台机器在看,一个中年人在机器前忙碌着接什么东西。

大头参谋长跑过去挤进人群一看,原来是在玩弹子游戏。一台机器中间有一个小孔,从小孔里可以弹出红色、黄色、绿色、黑色、白色共5种颜色的弹子,孔上有一个计数器,表明弹出的弹子数目。当你玩游戏时,中年人问你弹出的第几个弹子是什么颜色,如果你答对了会赢得一笔钱;如果说错了,你要给他钱。不少人在玩,总是赢钱的少,输钱的多。

大头参谋长也来了兴趣,他大声说:"我要玩就玩个大的,我押上1000元!"

中年人满脸堆笑地说:"欢迎,欢迎!我问你,弹出的第199个弹子是什么颜色?"

大头参谋长问:"你弹出的弹子有什么规律吗?"

中年人竖起大拇指,称赞说:"是内行!我的机器弹出的弹子是有规律的,先出 5 个红色的,再出 4 个黄色的,接下去是 3 个绿色的,2 个黑色的,1 个白色的,完了又是 5 个红色的……这样循环着出。"

"这就好!"大头参谋长说,"5+4+3+2+1=15,说明 15 个弹子是一个周期。你让我猜第 199 个弹子是什么颜色,只需要做个除法:199÷15=13……4,说明从第一个红色弹子开始,循环了 13 次之后又弹出了 4 个弹子,而前 5 个弹子都是红色的,因此这第 199 个弹子一定是红色的。"

中年人说:"咱们还是做一次试试,看看你说得对不对。"说完他就按动电钮,机器的小孔飞快地向外弹出各种颜色的弹子。正在这个时候,小胡子将军的汽车恰好从这儿过,中年人飞快地按了一下电钮,只听砰的一响,一颗子弹从小孔中飞出,朝着小胡子将军的汽车飞去。说时迟,那时快,爱克斯探长大喊一声:"不好!"拿着烟斗飞奔过去。

特殊审讯

小胡子将军乘车去友谊城赴宴,路经黑谷时,一颗子弹从弹子机中飞出,直奔汽车射去。爱克斯探长飞奔过去,伸手用烟斗一挡,只听当的一响,烟斗把子弹接住了。

这边大头参谋长一个"扫堂腿",将那个中年人摔了个嘴啃泥,接着把他的双手扭到后面,戴上手铐。大头参谋长抬腿踢了中年人一脚,说:"抓住一个暗杀集团的成员!"他扭头找爱克斯探长,发现爱

克斯探长正在专心地看他的大烟斗。

大头参谋长知道这个大烟斗是爱克斯探长的心爱之物,忙问:"怎么样? 烟斗打坏了吗?"

爱克斯探长摇摇头,说:"没事儿!"说着往烟斗里填了一把烟丝,用打火机点上火,猛地吸了一口。

大头参谋长十分奇怪,他拿过烟斗左看看,右瞧瞧:"子弹怎么没把你的烟斗打穿呢?"

爱克斯探长神秘地一笑,说:"我在烟斗里装了一层特殊的材料,子弹是打不穿的。好了,咱们赶快审讯吧!"

审讯开始了。谁知这个暗杀集团的成员十分顽固,从一开始就一言不发。不管你问什么,他都只往纸上写。

爱克斯探长问:"你们暗杀集团的总部设在哪里?"

他写道:"在黑谷。门牌号码等于下面 6 个方框中数字的总和。"

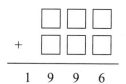

大头参谋长来火了，他指着中年人的鼻子叫道："你是罪犯，你不是数学教师！你怎么敢出题考我们？"

中年人轻蔑地一笑，在纸上写道："我怕你们是弱智！"

大头参谋长动怒了，跑过去就要动武，爱克斯探长赶忙拦住了他。爱克斯探长微笑着说："这种特殊的审讯多么有趣！他想考考咱们是否弱智，就让他考嘛！"他问中年人："你要谁回答这个问题？"

中年人指指大头参谋长。

大头参谋长啪地一拍桌子，叫道："你这是报复！你想用这个问题难住我？没门儿！"

大头参谋长开始解答："1996÷2=998，说明被加数和加数的平均数为998，由于加数和被加数都是三位数，因此它们最大的数不能超过999，而1996-999=997，所以最小的数又不能小于997。"

大头参谋长见爱克斯探长微笑着点了点头，信心十足地说："我算出来了！加数和被加数的百位上数字和十位上数字都必须是9，而个位数字之和是16。这样一来，数字之和是9×4+16=52，对，在黑谷52号！"

"好！"爱克斯探长叫了一声好，接着问中年人，"你们暗杀集团的头儿是谁？"

中年人先画了一个人头，在人头旁边写了一个大大的x，接着写道："将1、2、3、4、5、6、7、8这8个数分成3组，这3组数的和互不相等，而且最大的和是最小的和的2倍。最小的和是x，x是个自然数。"他写完朝炮兵团长一指，意思是让炮兵团长来解。

炮兵团长看着他画的人头直发愣，小声嘀咕道："画个秃头是什么意思？先不管这个秃子，把x算出来再说。从1加到8，和是36，把最小的和看作 1 份,最大的和就是 2 份,而中间一组的和比 1 份多,比 2 份少,3 组加起来是 4 份多。"他做到这里就做不下去了,倒背着双手在屋里来回走了两趟。

突然,炮兵团长双手一拍,说:"有啦!既然 x 是最小的和,它一定比 36 的 $\frac{1}{4}$ 小,比 36 的 $\frac{1}{5}$ 大!"

大头参谋长问:"x 比 36 的 $\frac{1}{4}$ 小我明白,可是为什么要比 36 的 $\frac{1}{5}$ 大呢?"

炮兵团长解释说:"如果最小和比 36 的 $\frac{1}{5}$ 小,那么最大和要比 $\frac{2}{5}$ 小,由于 3 组的和要等于 36,这样中间一组的和就要大于 36 的 $\frac{2}{5}$,比最大和还要大!这哪儿成?"

大头参谋长点点头说:"说得有理!"

炮兵团长接着分析:"36 的 $\frac{1}{4}$ 是 9,36 的 $\frac{1}{5}$ 是 7.2,因此 x 只能取 8,在秃头旁边写一个 8 又是什么意思呢?"审讯室内一片沉寂。

"秃头八爷!"炮兵团长兴奋地说,"一定是前几年在这一带猖獗的土匪头子——秃头八爷。"

这时,小胡子将军推门走了进来,他说:"秃头八爷?他可好几年没露面了。怎么,他现在专门搞暗杀啦?"

大头参谋长问:"司令,你不是去友谊城赴宴了吗?怎么这么快就回来了?"

"赴宴?人家根本就没有请我!"小胡子将军一屁股坐在沙发上,生气地说,"我看是暗杀集团搞的鬼!"

爱克斯探长问那个中年人："你们要暗杀的司令官是不是小胡子将军？"中年人点了点头。

爱克斯探长又问："你们为什么要暗杀小胡子将军？"

中年人在纸上写道："因为他想和你一起捣毁黑谷，黑谷的人花大价钱请我们除掉小胡子将军！"

爱克斯探长笑了笑，问："你们暗杀的下一个目标是不是该是我了？"

中年人写道："你有先见之明。"

小胡子将军站起来，说："我早知道黑谷这群坏蛋不会束手就擒的。走，咱们去会会这位秃头八爷！"

爱克斯探长阻拦说："慢！这位秃头八爷早有准备，怕不好见到，咱们必须这样……"

秃头八爷

秃头八爷是暗杀集团的头头，此人心狠手毒，枪法极好，黑道上的人都怕他三分。秃头八爷行动十分诡秘，一天换三个地方，很难找到他。

一天，黑谷的街心广场贴了一张大告示，上面写着：

今抓到暗杀集团的一名骨干成员，定于明天中午 12 点在街心广场就地正法。

和平城驻军司令　小胡子将军

少儿科普名人名著书系

告示一贴，引来许多围观的人。人群中一个又瘦又小的人看完告示，倒吸一口凉气，掉头挤出人群，一溜烟似的跑了。

这个人外号叫"长尾瘦猴"，是秃头八爷手下的得力干将。"长尾"是形容他触角伸得特别长，他四处乱窜，收集情报；"瘦猴"是指他的长相。长尾瘦猴走进一家电脑商店，打开一台电脑，按了几下键，里面的售货员冲他点了点头，他就进入了一间密室。

密室里，秃头八爷正和他的军师赛诸葛在商量着什么。长尾瘦猴把告示的内容说了一遍。秃头八爷站起来啪地拍了一下桌子，恶狠狠地说："想在众目睽睽之下枪毙我的人，这不是成心羞辱我吗？不成，明天咱们去劫法场！"

赛诸葛在一旁插话："古人云'小不忍则乱大谋'。我劝八爷忍一忍，要留神上当！"

"公开枪毙我的手下，而且是在黑谷的中心广场，当着黑谷那么多朋友的面，这口气你叫我怎么咽？"秃头八爷越说越激动，锃亮的光头上已经渗出了汗珠。

赛诸葛知道秃头八爷正在气头上，谁劝说也没用，就和秃头八爷策划了一个劫法场的方案。赛诸葛强调，一定要找一条防备最弱的道路冲进去。为了找到这条道路，秃头八爷特派长尾瘦猴去街心广场作前期侦察。

不一会儿，长尾瘦猴慌慌张张地跑了回来。他报告说："八爷，不好啦！法场上有上尉、中尉、少尉；有拿机枪的，有拿轻型火箭炮的，有骑摩托车的。"

"什么乱七八糟的，你都把我说糊涂了。"秃头八爷把桌子上的一杯水向长尾瘦猴面前一推,说,"喝口水,慢慢说。"

长尾瘦猴一仰脖,咕咚咕咚把一大杯水灌进了肚子,又抹了一把头上的汗,说:"是这么回事,守卫法场的有三种不同的部队——机枪连、火炮连和摩托车连。"

秃头八爷点点头说:"嗯,小胡子将军不愧是打仗出身。机枪连专门用来对付近处的敌人,火炮连对付远处的敌人最有效,等敌人撤退下去,他的摩托车连就能火速追上去。一共有多少人?"

"有9名军官守卫。三个连各派了1名上尉、1名中尉、1名少尉。"

"什么意思?"秃头八爷有点儿纳闷。

赛诸葛解释说:"我听说这些军官是技术高手,一个顶十个。他们为了便于指挥,派了级别不同的军官。不过……智者千虑,必有一失呀!"

秃头八爷忙问:"他们失在何处?"

赛诸葛没有回答秃头八爷的问题,转身对长尾瘦猴说:"你去找一条道,在这条道上或者有两名拿同样武器的军官,或者有两名级别相同的军官。这条道就是我们要找的道。"

秃头八爷摇晃着大脑袋问:"什么道理?"

赛诸葛不慌不忙地解释说:"你想啊,如果一条道上有两个用火箭炮的,这条道打远处有优势,而打近处就不成了。如果我们迂回前进,尽量靠近他们,在近处来个突然袭击,两个拿火箭炮的军官就无能为力了!"

秃头八爷点了点头,又问:"那有两名级别相同的军官又有什么关系呢?"

赛诸葛嘿嘿一笑,说:"您再想啊,每个连只派了三名不同级别的军官,一条道上如果有两名级别相同的军官,他们俩必然不属于同一个连,打起仗来谁领导谁呀?非乱了套不成!"

长尾瘦猴一挑大拇指,说:"军师实在是高,分析得入情入理!我去找出这条道路。"说完噌的一声蹿了出去。

这次等了足有一个小时也不见长尾瘦猴回来,急得秃头八爷在屋里来回转圈子。

"没有这么一条道!"声到人到,长尾瘦猴又蹿了回来。

"怎么可能没有?"赛诸葛不信。

"不信?不信我把守卫图画给你看。"长尾瘦猴画了一张图递给了赛诸葛。

机枪 上尉	火箭炮 少尉	摩托车 中尉
火箭炮 中尉	摩托车 上尉	机枪 少尉
摩托车 少尉	机枪 中尉	火箭炮 上尉

秃头八爷问:"横着的3行有没有符合要求的?"

军师摇了摇头,说:"没有。每一行都是来自不同连的3名不同级别的军官。"

秃头八爷又问:"竖着的3列呢?"

军师说:"也没有。这种奇特的阵势,我看小胡子将军是摆不出来的!"

秃头八爷皱着眉头问:"这么说,是爱克斯探长帮他们布的阵?"

赛诸葛点点头,说:"很有可能!"

秃头八爷拍了拍腰上挎着的两支大号手枪,高声叫道:"他就算布下了刀山火海,八爷我也要闯它一闯!走!"说完扭身就往外走。

"且慢!"赛诸葛叫住了秃头八爷,他高兴地说,"有门儿!八爷你看,这斜着的两行对角线有问题。一条对角线上全都由上尉守卫,另一条对角线上全是骑摩托车的。"

"好!咱们就去冲击他们的两条对角线!"说完,秃头八爷带领暗杀集团的一帮匪徒直奔黑谷的街心广场,准备劫法场。

刑场大战

秃头八爷带领暗杀集团的一帮匪徒直奔黑谷的街心广场,只见刑场上 9 名尉官排成 3×3 的方阵,有的拿着机枪,有的扛着火箭炮,有的骑着摩托车,正严阵以待,气氛十分紧张。

突然,人群发生一阵骚动,3 辆大卡车驶进了刑场。前、后两辆卡车上跳下几十名士兵,他们把刑场围了起来,中间一辆卡车里押着那个玩弹子的中年人。秃头八爷、赛诸葛、长尾瘦猴等人混在人群中等待时机。

三声炮响过后,士兵把犯人押上行刑台。秃头八爷一看时机已到,亮出手枪大喊一声:"冲啊!"匪徒们纷纷掏出武器,冲向刑场内。3 名端机枪的尉官向匪徒猛烈扫射,几名匪徒中弹倒地。

赛诸葛忙对秃头八爷说:"不能硬冲,要冲击他的对角防线!"

秃头八爷也明白过来了,大喊:"弟兄们,朝有3辆摩托车的方向冲!"这一招儿果然见效,有一挺机枪扫不着他们了。眼看匪徒就要冲进刑场,小胡子将军有点儿坐不住了。他问:"探长先生,怎么办?"

爱克斯探长微微一笑,回头对大头参谋长点点头。大头参谋长把手中的红旗一摆,只见围着刑场的士兵迅速跑进方阵中。秃头八爷再定睛一看,方阵变成了另外一种模样。虽说还是3×3的方阵,但是每个方格里面的人数不同,而且人数由1~17里的所有奇数组成。

11	1	15
13	9	5
3	17	7

匪徒们再沿着对角线往里冲就不成了,因为对角线上的火力加大了许多,打得匪徒抬不起头来。赛诸葛忙对秃头八爷说:"慢着!现在冲击对角线已经没用了。"

秃头八爷瞪着一双充满血丝的眼睛,问:"为什么?"

赛诸葛回答:"这个方阵非常特殊,不管你横着加,竖着加,还是斜着按对角线相加,其和都相等。"

秃头八爷一算,果然都等于27。他嚷道:"他们人数增多,武器配备又做了调整,各方向的人数都一样,这下怎么往里冲啊?"

赛诸葛眼珠一转,小声对秃头八爷说:"识时务者为俊杰,现在硬拼是不成的。"

秃头八爷问:"你的意思是……"

"三十六计走为上!"赛诸葛说完,掉头就要跑。

"站住!"秃头八爷一把揪住赛诸葛的衣领,咬牙切齿地说,"我秃头八爷不是孬种！你敢临阵脱逃，我就枪毙了你！"

赛诸葛知道秃头八爷杀红了眼，谁的话他也听不进去，只好跟着匪徒们往里冲，冲到一半，他趁人不注意转头就溜了。

秃头八爷带着匪徒继续往里冲，不管他往哪里冲，受到的火力攻击都是同样猛烈，他的队伍死伤十分惨重。匪徒们也不再听从秃头八爷的指挥，四散逃窜。此时，大头参谋长把手中的红旗一摆，方阵里的士兵一齐冲了出来，把秃头八爷和残余匪徒全部抓获。清点战俘时，他们发现少了赛诸葛，爱克斯探长紧皱双眉，口中喃喃地说："赛诸葛诡计多端，阴险毒辣，让他跑了必然留下后患。咱们要立即提审秃头八爷，找到赛诸葛的下落！"

小胡子将军摇摇头："秃头八爷很讲江湖义气，他不会轻易告诉你赛诸葛的下落。"

爱克斯探长笑了笑，说："秃头八爷毕竟是一介莽夫，没什么谋略，看我怎么对付他。"

士兵把秃头八爷押了上来。他虽然戴着手铐、脚镣，心里可是一百八十个不服，他又喊又叫，十分猖狂。他叫喊道："爱克斯探长，你弄了个什么破阵，让我上了你的大当！这不算能耐，你有本事枪对枪、炮对炮，来点儿真格的，凭我八爷的枪法，一枪就送你上西天去！你信不信？"

"信也好，不信也好。"爱克斯探长指着秃头八爷的鼻子说，"真正让你上当的不是我。"

秃头八爷两眼一瞪，问："不是你又是谁？"

爱克斯探长招招手，说："我带你清点一下你的部下，看看少了什么人。"

秃头八爷认真地查看了被俘的和被打死的匪徒,他忽然叫道:"怎么不见赛诸葛了? 往里冲时我还看见他在我的后面呢!"

"问题就出在这儿!"爱克斯探长严肃地问,"整个劫刑场的计划是不是赛诸葛制订的?"

秃头八爷点点头说:"是。"

爱克斯探长又问:"攻击方阵的方法是不是他想出的?"

秃头八爷又点了点头。

爱克斯探长厉声问道:"为什么你和其他人有的被杀,有的被俘,而偏偏他逃跑了?"说完从怀中取出一封信,递给了秃头八爷。

以毒攻毒

秃头八爷接过爱克斯探长手中的信,发现这是赛诸葛写给爱克斯探长的,信中写道:

伟大的、我最崇拜的探长先生:

明天我会安排秃头老贼去劫刑场,我让他冲击军官方阵的对角线。请您变换方阵、增加方阵人数,先消灭秃头老贼的实力,然后再围剿他的残余,活捉老贼!

如能按我的计划来办,定能成功!

赛诸葛拜

"呜哇……"秃头八爷大叫一声,把信嚓嚓撕成碎片,用力摔到地上。他愤怒极了："好个赛诸葛，你敢称我为秃头老贼！还把我给卖了！我要抓住你，非把你千刀万剐不可！走，跟我去抓这小子！"

大头参谋长、炮兵团长和秃头八爷同乘一辆吉普车在前面开路，爱克斯探长和小胡子将军带着两名士兵乘另一辆吉普车跟在后面，车子向北边的大山飞速驶去。车子沿着盘山公路往上开，在一个小山洞前停了下来。秃头八爷说要进洞取点儿东西，大头参谋长和炮兵团长押着他走进了山洞。没过一会儿，他们走出洞来，炮兵团长手里还拿着一块竹片。

小胡子将军接过竹片一看，只见上面写着：

我在黑谷△△△号，$10=△+△+△$。

"什么意思？"小胡子将军摇了摇头，把竹片递给了爱克斯探长。

炮兵团长说："我认为赛诸葛藏在黑谷 333 号。"

大头参谋长问："你有什么根据？"

"这不是明摆着吗？"炮兵团长说，"三角形的第一个字是三，而3个三角形连在一起，不就是333吗？"

大头参谋长忍不住扑哧一笑，说："真有你的！你只顾三角形含有3，可是你忘了这3个三角形相加还要等于10哪！3+3+3=9，不等于10！"

"这就怪了。"显然炮兵团长想得不对。他喃喃自语地说："三角形不和3发生关系，又可能和几有关系呢？"

"它可以和别的数有联系。"爱克斯探长吸了一口烟斗，说，"古希腊有个毕达哥拉斯，他发明了三角形数，他是用小石子来摆三角形数的。"说着，爱克斯探长捡了几个小石子，在地上摆了起来。

爱克斯探长指着摆好的 3 个三角形数，说："你们看前 3 个三角形数的和是多少？"

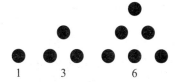

1　　3　　6

炮兵团长抢先说："嘿，恰好等于10，看来竹片上画的3个三角形就是3个三角形数，赛诸葛就藏在黑谷136号！走，快去抓！"

"慢。"爱克斯探长拦住了炮兵团长，说，"这3个三角形数你知道哪个在前，哪个在后？你怎么肯定小数在前，大数在后？1、3、6三个数的排列可不止136这一种。"

"136、316、613，还有吗？"炮兵团长掰着指头一个一个地数。

大头参谋长把嘴一撇，说："像你这样数，能数全吗？排数字要讲究规律，先让数1排在最前面不动，3和6交换位置，得136、163；再让3在前面，得316、361；最后再让6在前面，又得到613、631，合在一起共有6种不同的排法。"

爱克斯探长猛吸了一口烟,问秃头八爷:"你真的相信赛诸葛藏在黑谷?"

秃头八爷摇摇脑袋说:"不会!如果他真的藏在黑谷,我带你们来北山干什么?赛诸葛十分狡猾,他说东做西,指南打北。他一定躲在山上的某个洞穴里,走,我带你们去搜!"

秃头八爷沿着盘山路快步往上走,爱克斯探长等一行人紧跟在后面。走着走着,秃头八爷忽然停了下来,他指着半山腰一个缸口大小的洞口说:"进这里看看!"说完,他像壁虎一样,徒手噌噌沿着陡峭的山壁往上爬。

小胡子将军倒吸一口凉气:"好功夫!这是难得一见的壁虎功。我来跟上他!"说完,小胡子将军也施展出壁虎功,跟在后面往上爬。

"不好!小胡子将军一个人跟上去有危险!"爱克斯探长话音未落,只见秃头八爷用力蹬掉一块大石头,大石头沿着山坡骨碌碌直朝小胡子将军的脑袋砸来。好个小胡子将军,像翻牌一样,身体紧贴着山壁啪、啪、啪连翻了三次,大石头擦着他身体滚了下去。

众人抬头再看秃头八爷,他已经爬到了洞口。他回头冲大家一笑,说:"一群笨蛋,我自己找赛诸葛算账去喽!"说完哧溜一下就钻进了山洞。

炮兵团长在下面急得又蹦又跳:"糟啦!秃头八爷跑了!"

大头参谋长问爱克斯探长:"怎么办?"

爱克斯探长吸了一口烟,笑了笑,说:"秃头八爷跑了更好,秃头八爷和赛诸葛会互相残杀,这叫'以毒攻毒'!"

马跳日字

秃头八爷钻山洞跑了。爱克斯探长并不着急,他让汽车沿着山路往上开,笑着说:"走,咱们上去看看热闹!"。

突然,大头参谋长指着山间一块平台小声说:"快看!"大家顺着大头参谋长所指的方向一看,都吓了一跳。只见秃头八爷和赛诸葛面对面地坐在一起,正在下象棋。

"奇怪啦!大兵压境,他们俩在这儿下上象棋了。"大头参谋长有点儿纳闷。他实在憋不住,偷偷地溜了过去,躲在一棵大树后面看。他们俩下的象棋可真怪,在象棋盘的一角写着一个"活"字,只有一个棋子"马"。两人的右手旁边各放着一支手枪,不用问,他们俩是在玩命哪!

秃头八爷拿起"马",问:"走几步?"

赛诸葛一伸左手:"5步!"

"1,2,3,4,5。"秃头八爷从"活"字出发,连跳5步,却没有跳回到"活"字。

"1,2,3,4,5。"秃头八爷又跳了一遍,还是没有跳回到"活"字。

赛诸葛拿起手枪问道:"你认输了吧?"

"不,不。"秃头八爷摇摇脑袋说,"你让我走的步数太少,多几步我就可以走回到'活'字。"

"嘿嘿,"赛诸葛一阵冷笑,"好吧,我让你走25步,怎么样?"

"25步足够了！"秃头八爷满怀信心地又在棋盘上跳起"马"来，跳了足有5分钟，还是没有跳回到"活"字。

赛诸葛用手枪顶住秃头八爷的脑袋，问："现在你还有什么可说的？"

秃头八爷瞪着一双大眼睛，叫喊道："你再让我多走几步，我就能跳回到'活'字！"

"怕等不及了。"赛诸葛一指远处的爱克斯探长，说，"即使我能等，人家可等不了！"

秃头八爷把胸脯一拍，说："八爷死倒是不怕，可是死要死个明白。你先告诉我，为什么我的马总跳不回'活'字？"

赛诸葛指着藏在树后的大头参谋长，问："大脑袋参谋长，你能说出其中的道理吗？"

大头参谋长也说不出其中的道理，他赶紧一猫腰快步跑回到爱克斯探长的身边，向爱克斯探长汇报了他们俩下的怪棋。

爱克斯探长想了一下,说:"看来不把这个谜底揭穿,这场搏斗不会结束。"他向前走了几步,大声说道:"喂,秃头八爷听着,马从'活'字起跳,只要跳奇数次,永远也别想再跳回到'活'字!"

秃头八爷把脖子一歪,问:"为什么?"

"你想啊!"爱克斯探长解释说,"你可以在棋盘上间隔地写上'活'和'死',马跳日字,你从'活'字出发,下一步必然跳到'死'字上;再从'死'字起跳,下一步必然跳到'活'字上。

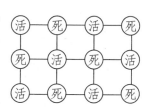

就这样'活'—'死'—'活'—'死',你跳奇数次必然跳到'死'字上,不可能跳到任何一个'活'字上,更别说再跳回到出发点的'活'字上了!"

"啊!"秃头八爷大叫一声,说,"好个赛诸葛,你是做好了死扣让我往里钻。你让我走奇数步,我不管走多少步也是必死无疑呀!"

赛诸葛冷笑了一声,说:"可惜你现在明白已经晚了。你乖乖地听我的话,我把你交给爱克斯探长,他会将功赎罪把我放了,而把你毙了!"

秃头八爷大叫一声:"美死你!"

只听砰砰两声枪响,秃头八爷和赛诸葛双双倒在了地上。大头参谋长跑过去一摸:"都没气啦!"原来,赛诸葛对着秃头八爷脑袋开枪的同时,秃头八爷对着赛诸葛的肚子也开了一枪,结果两人同时倒地。

小胡子将军点点头说:"好!以毒攻毒,一箭双雕。爱克斯探长果然棋高一着,我们没费一枪一弹,就把两个坏蛋消灭了!"

爱克斯探长却没显出高兴的样子,他低着头自言自语地说:"黑谷中的败类还没有清除干净,战斗还没有结束!"

突然,一辆警车飞驰而至,一名警官跳下车来,向小胡子将军行了一个军礼,报告说:"报告司令,城里银行被抢!"

"什么?银行被抢!匪徒抓住了吗?"小胡子将军焦急地询问。

警官回答道:"三名匪徒,击毙一名,活捉一名,逃跑一名。"

小胡子将军又问:"钱被抢走了吗?"

"逃走的匪徒拿走了一千多万元。"

"啊?抢走这么多钱!"小胡子将军一拉爱克斯探长,说,"快回城,一定要把钱追回来!"

老 K 集团

小胡子将军一行人急速赶回城里。他们到达司令部后,连水也没喝一口,立即提审被抓的匪徒。这名匪徒长得又矮又瘦,面色蜡黄,一看就知道长期缺乏睡眠。

小胡子将军问:"你为什么抢银行?"

匪徒回答:"赌钱赌输啦!"

小胡子将军又问:"你叫什么名字?"

匪徒回答:"黄皮张三。"

爱克斯探长站起来围着黄皮张三转了一圈,问:"你们经常在什么地方赌博?一般有多少人?"

黄皮张三微微抬头看了一眼,小声回答说:"回长官的话,我们总在黑谷街8号玩,一般嘛……有十几个人,嘿,都是些小打小闹。"

"什么?小打小闹!"炮兵团长瞪大眼睛叫道,"抢走了一千多万元,还是小打小闹?你们要是大打大闹,那要抢多少钱才够用?你们可真是无法无天哪!"

"唉!"黄皮张三叹了一口气,说,"如果就是我们哥儿几个玩,也用不了多少钱。最近黑谷来了一个'老K集团',他们每次下的赌注极大,我们没玩两天就输给他们几百万元。我们还不起债,他们就用枪逼着我们去抢银行。我们几个人商量,抢银行会被你们打死,不抢银行会被老K集团打死,反正活不了。"说完黄皮张三呜呜地哭了起来。

爱克斯探长摇摇头说:"不对呀,你们都是赌博老手,怎么会输给他们哪?"

"哎哟!你们可不知道,"黄皮张三说,"老K集团个个精于算计,我们数学不好,算不过他们,不信你们和他们过过手,肯定也要输!"

炮兵团长啪地一拍桌子,叫道:"胡说!我们都是堂堂政府官员,怎么能去赌博?"

爱克斯探长却说:"为什么不去玩玩呢?你带我去黑谷街8号会会老K!"

爱克斯探长凑在小胡子将军耳朵旁,小声嘀咕了几句。小胡子将军点了点头,随后对黄皮张三说:"你可要老实点!既然你是被老K集团逼迫而抢银行,你就要与我们合作,一同抓获这个犯罪集团,将功赎罪。"

黄皮张三点头哈腰地说:"请长官放心,我一定听话。"

小胡子将军指着爱克斯探长,对黄皮张三说:"他让你干什么,你就干什么,不许耍花招!"

"是、是,他让我往东我就往东,让我往西我就往西,他让我打狗,我绝不敢骂鸡!"黄皮张三一副无赖相。

黄皮张三带着爱克斯探长,以及化了装的大头参谋长和炮兵团长,一同走进了黑谷街8号。屋里摆着许多大桌子,很多人在那里赌博。有搓麻将的,有推牌九的,有掷骰子的,吆喝声此起彼伏,声音十分刺耳。

黄皮张三带着爱克斯探长来到一张桌子前,几个人正在掷骰子。一个长得很斯文的年轻人一把揪住了黄皮张三,大叫道:"你小子跑哪儿去了?你想欠钱不还是不是?"

"不敢,不敢。"黄皮张三指着爱克斯探长说,"我给你带来一位大财主,你如果能赢了他,他把我欠你的钱也一起还给你!"

"噢,"年轻人放开黄皮张三,两眼从上到下把爱克斯探长看了个仔细,笑笑说,"好,好,今天我撞到财神啦!"

年轻人一指桌子上的骰子,说:"咱们玩掷骰子,这个赢钱快!"

爱克斯探长问:"先生怎么称呼?"

周围的人哈哈一阵哄笑:"这个人连大名鼎鼎的老K都不认识,肯定是个'棒槌'!今天他输定啦!"

老K问:"押几个点?掷几次?"

爱克斯探长小声问黄皮张三:"什么意思?"

黄皮张三解释说:"两个骰子点数之和,最小是2,最大是12。从2到12这11个数中,你可以选出现机会最多的数。投掷的次数也由你来定。"

爱克斯探长略微想了一下，说：“我押 7，掷 11 次。”

老 K 面露喜色，他飞快地说出：“我押 6，同样掷 11 次。押多少钱？”

爱克斯探长伸出右手的食指，说：“1000 万！”

“好！老 K 赢定喽！”“老 K 要的是 6，六六大顺哪！”“老 K 赢 1000 万，发大财啦！”周围的赌徒一个劲儿地起哄。

在众目睽睽之下，爱克斯探长拿起两个骰子放进自己的大烟袋锅里，把烟嘴衔进口中用力一吹，只见两个骰子在烟袋锅里上下翻腾，煞是好看。突然，爱克斯探长把烟斗一撤，两个骰子先是在桌子上滴溜溜乱转，然后停在桌面上。

众赌徒齐刷刷地把头都伸了过去。

一掷千金

只见骰子落到桌面上，朝上面的一个点数是 4，另一个点数是 2。

“好啊，合起来是 6！”老 K 高兴地将右拳在空中用力地挥了三下。

爱克斯探长第二次掷，点数之和为 7，老 K 收敛了笑容；第三次掷，点数之和为 7，老 K 有点儿木然；第四次掷，点数之和还是 7，老 K 把右手伸进了怀里，不用问，这是在掏枪。接下去点数之和又开始出现 6，老 K 脸色多云转晴，手也从怀里拿了出来。再往后掷，点数之和是 8、10、8、5、6。

掷完十次，6 点和 7 点各出现三次，这最后一次成了决定性的一掷！此时，屋里静极了。老 K 集团的成员剑拔弩张，一触即发；大头参谋长和炮兵团长也都准备好，随时准备掏出武器和老 K 集团大战一场。

爱克斯探长忽然哈哈大笑了一声，把在场的人都吓了一跳。

老 K 厉声问道："你笑什么？"

"我笑你们，一场早有定论的赌博把你们吓成什么样子！"爱克斯探长手里拿着两个骰子不断地晃悠，随时都可能扔到桌面上去。

老 K 有点儿糊涂，问："为什么早有定论？"

"首先从数学上讲，掷两个骰子出现的点数是有规律的。"说着，爱克斯探长画了一张表：

点数和	2	3		4			5				6					7					
骰子甲	1	1	2	1	2	3	1	2	3	4	1	2	3	4	5	1	2	3	4	5	6
骰子乙	1	2	1	3	2	1	4	3	2	1	5	4	3	2	1	6	5	4	3	2	1
种类	1	2		3			4				5					6					

8					9				10			11		12
2	3	4	5	6	3	4	5	6	4	5	6	5	6	6
6	5	4	3	2	6	5	4	3	6	5	4	6	5	6
5					4				3			2		1

爱克斯探长指着表说："我把掷两个骰子可能出现的点数都列了出来，从表里不难看出，从 2 到 12 这十一个不同的点数中，出现次数最多的是点数和 7，它出现了 6 次。点数和 6，迷信的人把它看作吉祥数，说什么六六大顺，可是从表中看，它只出现了 5 次，其他的点数和出现的次数就更少了。我选的就是 7，是出现次数最多的点数和，因此，这最后一掷，出现 7 点的可能性最大，我赢的可能也较大，你们同意不同意？"

老K把脖子一歪,说:"出现7点的可能性最大,并不等于一定出现7点啊!数学我懂,你别拿数学来唬我。你说说,你出现7点的可能性比我大多少?"

"其实你并不真懂。"爱克斯探长笑了笑,说,"我可以告诉你大多少。掷两个骰子,从表上看,骰子甲是1,骰子乙是1,这是第一种可能;骰子甲是1,骰子乙是2,这是第二种可能;骰子甲是2,骰子乙是1,这是第三种可能,照这样排下去一共有36种可能。7点占$\frac{6}{36}$,6点占$\frac{5}{36}$,7点比6点多$\frac{1}{36}$。"

"多$\frac{1}{36}$又算得了什么?你掷这最后一次,如果你真的掷出7点,我给你1000万,怎么样?"老K的赌徒面目暴露无遗。

爱克斯探长又把拿骰子的手举了起来,他这一举,屋里立刻鸦雀无声,几十只眼睛同时盯着这只手。可以想象,爱克斯探长一旦把骰子掷到桌面上,屋里立刻会成什么样子!一定是有的哭,有的笑,有的吵,有的闹,乱作一团。

正当大家把注意力全部集中在爱克斯探长的手上时,忽然听到一声:"不许动!"只见大头参谋长和炮兵团长一左一右把老K夹在中间,两支手枪顶在他的腰上。

老K故作镇静,厉声问道:"你们是什么人?你们要抢赌场吗?"

"我们不是抢赌场,而是查抄赌场!"小胡子将军带着大批士兵冲进了赌场。他命令士兵:"把他们都给我抓起来!"

爱克斯探长回头问黄皮张三:"你的同伙呢?"

黄皮张三一指蹲在角落里的瘦高个,说:"他在那儿!"士兵跑过去把他揪了出来。这人身后有两个大皮箱,爱克斯探长打开一看,里面正是丢失的一千多万元。

忽然,一名士兵从外面跑进来,向爱克斯探长行了一个军礼,说:"探长先生,国际刑警组织有紧急任务,请您马上就去!"

爱克斯探长微笑着向大家挥挥手,说:"再见啦,各位! 咱们后会有期!"说完把手中的骰子往桌面上一掷。两个骰子在桌面上骨碌碌转了几圈,刚一停,大家不约而同地叫道:"啊,7点!"

大家也纷纷举起了手,说:"再见啦,爱克斯探长!"

数学探险故事

黑森林历险

智擒人贩子

　　小派是个聪明机灵、乐于助人的小男孩。他喜欢数学,和数学有关的东西他都喜欢钻研。他非常爱看课外书,看起来还特别容易入神,随着故事情节的发展,他和书中的主人公同欢乐,共悲伤。看,寒假的第一天,小派就捧着一本《明明历险记》看得入神啦。

　　"啪!"小派用力拍了一下桌子,说:"大坏蛋钱魁为了发财,把明明等小朋友骗走了,还要把他们像牲口一样卖掉,我绝不能袖手旁观,我要想办法把这些小朋友救出来!"

　　说也奇怪,书上原来有一张插图,画的是大坏蛋钱魁正在哄骗明明和另外几个小朋友去黑森林里逮野兔。不知怎么搞的,画中的景物

和人物忽然都动了起来——风在吹,树叶在动,小朋友在笑。

钱魁用沙哑的声音在讲话:"小朋友,我要带你们去的那个大森林里,野兔可多啦!你拔几把青草,在树底下一蹲,野兔就会自动跑来吃你手中的草,你想捉几只就可以捉几只,好玩儿极啦!"

明明高兴得又蹦又跳:"快带我们去吧!"

不知怎么搞的,小派也进入了画面。钱魁回头看见了小派,心想:又来了一个上当的!他冲小派说:"喂,这位小朋友,你想不想去逮野兔呀?"

小派随口答道:"想去。"

钱魁一招手,说:"咱们一起去吧!"说完,他领着大家朝一条小路走去。

明明主动向小派伸出右手:"我叫明明,今年五年级,喜欢文学,爱看小说,很高兴认识你!"

小派紧握着明明的手,说:"我叫小派,今年上六年级,喜欢数学,爱看课外书,愿意和你交朋友!"

钱魁回头喊:"你们俩还磨蹭什么?去晚了野兔都叫别人逮走了。"

小派装着系鞋带,小声对明明说:"这个钱魁是个人贩子,他想把咱们骗走,然后卖掉!"

"啊?那咱俩快跑吧!"明明听后吓了一跳。

"不成!咱俩跑了,那几个小朋友怎么办?他们还会被卖掉的。"小派紧握双拳,说,"咱们要把这个坏蛋抓起来,送到公安局去!"

钱魁跑过来对小派吆喝:"你这个小孩真麻烦,系个鞋带系这么半天,快走吧!"

小派干脆一屁股坐在地上不走了,说:"我看你这个人,长得挺大的个子,可是有点儿傻。跟你这么个傻乎乎的人去逮野兔,能逮着吗?"

钱魁一听小派说他傻,立刻把眼睛瞪圆了:"什么?我傻?谁不知道我钱魁聪明过人?大家都说如果我身上粘上毛,我比猴子还精!"

小派从口袋里掏出一张纸和一支红蓝两色圆珠笔,说:"我们8个小朋友加上你,共9个人,每个人用这支双色圆珠笔在纸上写'捉野兔'3个字,3个字的颜色可以一样,也可以不一样,但至少每两个字的颜色必须一样。我们8个小孩先写,你最后写。我敢肯定,你写的3个字的颜色一定和我们之中某个人的相同。"

钱魁把脖子一梗,说:"我不信!"

小派把双色笔递给了明明。明明用红笔写了"捉野兔"3个红字。其他小朋友依次写了这3个字,但是颜色都不一样:蓝红红,红蓝红,红红蓝……

小派趁钱魁不注意,悄声对明明说:"我拖住这个坏蛋,你赶快去找警察!"

8个小朋友都写完了,双色圆珠笔传到了钱魁手里。他把8个颜色不同的"捉野兔"端详了半天,犹犹豫豫地写出了"捉野兔"3个字,颜色是蓝红蓝,一个小朋友指着自己写的字说:"你这3个字的颜色和我的一样。"

钱魁一看,果然一样。他又换颜色写了3个字,又一个小朋友说:"你写的字颜色和我的一模一样。"钱魁一连写了几次,次次都和某个小朋友写的颜色重复。

"啧啧,"小派故意撇着嘴说:"我说你有点儿傻,你还不服气。看看,你写字用的颜色,总跟我们小孩子学,是不是有点儿傻?"

钱魁挠挠脑袋说:"真是怪事,我怎么写不出颜色和你们不一样的字呢?算啦,咱们还是逮野兔去吧!"

钱魁一回头,发现明明不见了,忙问小派:"喂,你知道明明到哪儿去了吗?"

"他可能去方便了。"小派拉住钱魁说,"其实,你一点儿也不笨。因为用两种颜色写3个字,最多只能写出8种不同颜色的字来,你第9个写,当然和前面写的重复了。"

钱魁摇摇头说:"我怎么听不懂啊?"

小派在纸上边写边讲:"我用0代表红色字,用1代表蓝色字,那么用红蓝两种颜色写'捉野兔'3个字,只有以下8种可能:

0、0、0,即红、红、红;

1、0、0,即蓝、红、红;

0、1、0，即红、蓝、红；

0、0、1，即红、红、蓝；

1、1、0，即蓝、蓝、红；

1、0、1，即蓝、红、蓝；

0、1、1，即红、蓝、蓝；

1、1、1，即蓝、蓝、蓝。

这好比有 8 个抽屉，每个抽屉里都已经装进了一件东西，你再拿一件东西往这 8 个抽屉里装，必然有一个抽屉里装进了两件东西。"

钱魁忽然凶相毕露，一把揪住小派的衣领，恶狠狠地说："好啊，你是在耍把戏骗我！快说，明明到哪儿去了？"

"我在这儿！"随着明明一声喊，两辆警车飞快驰来，几名警察从车上跳下来，立刻把钱魁逮捕了。

右手提野兔的人

捉住了人贩子钱魁，警察就地审问。钱魁交代，他把骗来的孩子交给一个右手提一只野兔的人，每个小孩卖 5000 元，一手交钱一手交人。警察再追问，这个买小孩的人长什么样。钱魁说他没见过，他又交代了接头地点、接头暗语。

小派说："就算咱们抓住了那个右手提野兔的人，他要是死不承认，咱们又拿不出证据，还是不能逮捕他呀！"

"说得有理！"王警官点点头说，"你有什么好主意吗？"

小派把王警官上下打量了一番："你就假扮成人贩子钱魁，领着我们去找那个买小孩的坏蛋，在一手交钱一手交人的时候当场捉住他！"

"好主意！"王警官亲切地摸了摸小派的头，然后走到已被押上警车的钱魁身边，说："把你的外衣脱下来！"王警官脱下警服，穿上钱魁的衣服，带着8个孩子向黑森林走去。

走近黑森林，小派连呼上当。原来黑森林附近有许多卖野兔的人。他们都是右手提着野兔的大耳朵，左手招呼过路的人，夸耀自己的野兔又肥又大。

王警官小声对小派说："这么多右手提野兔的，咱们抓谁呀？"

小派无可奈何地摇了摇头。突然，小派听到了一阵阵极其轻微的呼救声："救命啊！救命啊！"小派感到十分吃惊，他四处张望，可是没发现喊救命的人。

小派又往前走了几步，"救命啊"的声音又传来了。这次小派听清楚了，是那些被人们提在手上的野兔在呼救。"我能听懂野兔的语言！"小派心里别提多高兴了。

当王警官领着8个小朋友，走到一个又矮又胖的人面前时，小派听到他右手提着的野兔在大声喊叫："哎哟，痛死我喽！你这个该死的胖子，怎么忽然用力捏我的耳朵呢？"

小派立刻站住，拉了一下王警官的袖口，冲矮胖子努了努嘴。王警官点了点头，径直向矮胖子走去。

王警官用左手指着矮胖子手中的野兔问："好大个儿的野兔，它咬人吗？"

矮胖子笑眯眯地说："这兔子是专门给孩子玩儿的,怎么会咬人呢?"暗语接对了,王警官把右手五指张开伸过去,问:"还是这个数?"

矮胖子摇了摇头,似笑非笑地说:"这次是个大买主,他说要智商高的,特别是数学要好。只要条件好,一个给两万三万的都成。"

王警官眼珠一转,问:"你知道哪个小孩的智商高?"

"可以考一考嘛!"矮胖子从口袋里掏出一张纸,对孩子们说,"我这儿有道题,看看你们8个小孩谁会答。谁答对了,我把这只又肥又大的野兔送给他。"

明明一把抢过题纸,说:"我先看看。"明明边看边读道:"聪明的孩子,请你告诉我,什么数乘以3,加上这个乘积的$\frac{3}{4}$,然后除以7,减去此商的$\frac{1}{3}$,减去52,加上8,除以10,得2?"

明明皱着眉头想了想,摇摇头说:"课堂上没做过这样的题。"其他几个小朋友挨个儿把题目看了一遍,都说不会。

题目传到了小派手里,他心算了一下,从容地回答:"这个数是128。"

听到这个答案,矮胖子眼睛一亮,他走到小派面前,把小派上下打量了好半天,然后点点头说:"嗯,有两下子。你能把解题过程给我讲讲吗?"

"可以。用反推法来算,从最后结果2开始。"小派边说边写,"反推法的特点是:题目中说加的,你就减;题目中说乘的,你就除。

得2, 2;

除以10, 2×10;

加上8, $2 \times 10 - 8$;

减去52, $2 \times 10 - 8 + 52$;

减去此商的 $\frac{1}{3}$, $(2 \times 10 - 8 + 52) \times \frac{3}{2}$;

除以7, $(2 \times 10 - 8 + 52) \times \frac{3}{2} \times 7$;

加上这个乘积的 $\frac{3}{4}$, $(2 \times 10 - 8 + 52) \times \frac{3}{2} \times 7 \div (1 + \frac{3}{4})$;

乘以3, $(2 \times 10 - 8 + 52) \times \frac{3}{2} \times 7 \div (1 + \frac{3}{4}) \div 3$;

你要求的数就是: $(2 \times 10 - 8 + 52) \times \frac{3}{2} \times 7 \div (1 + \frac{3}{4}) \div 3$

$$= 64 \times \frac{3}{2} \times 7 \times \frac{4}{7} \times \frac{1}{3} = 128。"$$

矮胖子提了个问题:"原来说'减去此商的 $\frac{1}{3}$',你怎么乘 $\frac{3}{2}$ 呢?这步做错了吧?"

小派十分肯定地说:"没错!为了简单起见,可以设除以7之后的得数是 m。按照正常的顺序,再进行下面几步,可以列出这么一个算式：$(m-\frac{1}{3}m-52+8)\div10=2$，倒推回去就得$m=(2\times10-8+52)\times\frac{3}{2}$。"

矮胖子高兴得直拍大腿："好，好。我就要这个小朋友了！给，这只野兔归你了。你跟我到黑森林里去玩玩吧！那是片原始森林，里面树高林密，小动物可多了，非常好玩儿。"

小派问："这些小朋友都去吗？"

矮胖子摇了摇头，说："人多了我照顾不过来，我先带你去玩儿，回头我再带他们去。"

小派想了想，说："好吧，我跟你去。不过，我要给妈妈写封信，免得她惦念着我。"小派用极快的速度写了几行字，交给王警官："劳驾，把这封信带给我妈，让她放心。"

王警官把信看了一下，点了点头，说："你放心！"

"再见啦，朋友们！"小派把野兔送给了明明，跟着矮胖子向黑森林深处走去……

蚂蚁救小派

矮胖子领着小派在阴暗的森林里绕来绕去，三四个小时过去了，还没到达目的地。这时，小派又累又害怕，不由得问："这是什么地方？你带我来干什么？"

"别问了，一会儿你就知道了。"矮胖子说完，把右手的拇指和食指放进嘴里，吹了个长长的响哨。

过了一会儿，只见一个又瘦又高的老头和两个彪形大汉从一片树林中走出来。这个老头面色黝黑，身穿黑衣黑裤，约60岁。矮胖子马上对老头点头哈腰，走过去低声讲了些什么，然后转过身来对小派说："这是黑森林的主子，大名鼎鼎的'黑狼'，他想收你做干儿子，你小子可要识相点儿！"

小派万万没有想到，矮胖子领他进黑森林，是让他当大恶魔黑狼的干儿子。小派心里这个气呀！可是他转念一想，自己这次来的目的，是要弄清这个贩卖儿童的犯罪团伙的底细，也只好有气往肚子里咽。

黑狼把小派上下打量了一番，慢悠悠地说："听说你很聪明，数学很好，不知你的胆量如何？"说完向两壮汉使了个眼色。两壮汉从树林中抬来一只小黑熊。

黑狼从小腿上拔出一把雪亮的匕首递给小派："你用这把匕首，把这只小黑熊的胆取出来，熊胆可以卖个好价钱哪！然后再把四只熊掌砍下来，晚上咱们吃清炖熊掌，这可是道名菜。"说完带着矮胖子和两个壮汉走了。

小派想用匕首把捆小黑熊的绳子割断，放走小黑熊。小黑熊小声对小派说："千万别放我！你割断绳子，不仅我跑不了，你也要遭殃！黑狼的打手们正躲在暗处监视咱们哪！"

"让我想想办法。"小派用食指敲打着脑门儿。过了一会儿，他小声对小黑熊说："我拿匕首假装割你的肚皮，取你的胆。你大声呼叫你的父母，叫他们来消灭隐藏着的打手。"

小黑熊点点头说："就这么办！"

躲在暗处的两名打手见小派趴在小黑熊身上半天没起来，觉得奇怪，想过去看个究竟，忽听背后有响动。两人掏出枪刚回头，只见两只巨大的狗熊走了过来，狗熊给他们俩每人一巴掌，两人立刻晕死过去了。

小黑熊见父母来救它了，对小派说，"割断绳子，咱们赶快逃走！"小派迅速割断绳子，和小黑熊一起逃走了。

在黑森林里，小派跑不过狗熊，慢慢地就落在了后面。走着走着，一个大铁笼子忽然从树上落下，一下子把小派罩到里面。

小黑熊和它的双亲返身相救，突然，一阵哈哈的笑声从树上传出，比猫头鹰叫还难听。听到这可怕的笑声，三只狗熊扭头就跑；听到这笑声，树上的鸟儿都不敢歌唱。小派抬头向上看，什么也看不见，只觉得周围死一般的寂静。出不了铁笼子，小派只好在笼子里转圈儿。

这时，一只小蚂蚁爬了进来，小派对蚂蚁说："你能帮助我逃出铁笼子吗？"

蚂蚁头也不回地往前走，嘟囔着："让我帮助你？谁来帮助我呀！过一会儿再堆不起来，我的小命就完啦！"

"你堆什么呀？我能不能帮你？"小派诚心诚意地问。

"你帮我？"蚂蚁怀疑地看着小派，迟疑地说，"那就试试吧！我们找到了 45 个圆柱形的虫蛹，蚁后叫我把它们堆放整齐，可是我怎么也堆不整齐，蚁后生气了，说如果我再堆放不好，就要处死我！"

"这好办！总共 45 个虫蛹，你先把 9 个虫蛹排成一排，两边用小石头垫好，别让它们滚动。然后在它们上面堆上 8 个虫蛹，就这样每次少放一个，一直往上放，最后堆放成一个三角形的垛。"小派在地上画了个图。

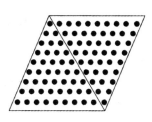

蚂蚁盯着小派画的图，摇摇头说："这是 45 个吗？我看怎么不够数啊？"

"你不信？我可以再画一个同样的三角形，和它倒着对接上。这样一来，横着数每行都是 10 个虫蛹，一共 9 行，总共是 10×9=90（个）虫蛹，一半不就是 45 个吗？"小派这么一讲，蚂蚁信服了。

蚂蚁说："我回洞按你的方法试一试，如果真能堆放整齐，我就想办法救你。"说完就快步爬进洞里去了。

过了一会儿，那只蚂蚁领着蚁后钻出了洞，蚂蚁指着小派说："是他教我这样堆放的。"

蚁后说："多聪明的孩子呀！咱们一定要想办法把他救出来。"

这时，黑狼的两名爪牙走了过来，其中一个留着大胡子、长着满脸横肉的家伙厉声对小派说："我们的头儿想收你做干儿子，是你小子的运气，你别不识抬举！"

另一个干瘦干瘦的家伙尖声尖气地说："你如果不答应，就让你在笼子里饿死！"刚说到这儿，两个人不约而同地大叫："痛死我啦！"小派仔细一看，原来，一群蚂蚁正顺着这两个人的裤腿往上爬，在这两个人身上一通乱咬，两个人痛得满地打滚。

得到小派帮助的那只蚂蚁爬进来告诉小派："你对他们俩说，要立刻把你放了，不然就把他们俩咬死！"小派照着说了一遍，两名爪牙实在受不了啦，站起来拉动绳子，把铁笼子升了上去，小派脱险啦。

中了毒药弹

随着一声怪笑，黑狼从树上跳了下来。他对小派说："不要走嘛，我非常喜欢你。你不但聪明过人，还能懂鸟兽语。你今天做我的干儿子，明天就是黑森林的霸主！"

"哼，谁给你这个恶魔做干儿子？谁想当霸主？我要回去上学！"小派说完，扭头就走。

唰的一声，黑狼亮出了手枪，他恶狠狠地说："你再敢向前一步，我就打死你！"

小派把脖子一梗，说："你就是打死我，我也不当你的干儿子！"说完迈开大步就走。

砰的一声枪响，小派觉得哪儿也不痛，怎么回事？这时，呼的一声从树上掉下一只大鸟。小派跑过去一看，啊，是珍稀鸟类褐马鸡。小派把褐马鸡抱起来，发现它已经中弹死了。

小派怒不可遏，指着黑狼说："你竟敢杀死受人类保护的褐马鸡，你应当受到法律的制裁！"

"法律？哈哈……法律还管得了我！"说完，黑狼一抬枪，砰砰砰的又是三枪，三只野鸡应声落下。矮胖子赶紧跑过去把野鸡拾了起来。

黑狼收起手枪，说："这褐马鸡不好吃，肉发酸。烤野鸡才香呢！"

矮胖子小声对黑狼说："这小子总不答应做您的干儿子，怎么办？"

"这小子有性格，我很喜欢。还是采取咱们的绝招吧，不怕他不就范。"看来黑狼对制服小派充满信心。

矮胖子点点头，快步走到小派的身后，猛地将小派的上衣往上一撸，露出他的肚皮。

小派挣扎着喊叫："你要干什么？"

黑狼狂笑了几声，把手枪又掏了出来，向手枪里压进一颗红头子

弹,然后将枪口对准小派的肚皮。

小派两眼一闭,心想:这下子可完了!听人家说红头子弹进入人的身体以后就要炸开。看来,这一枪非把我的肚子炸出一个大窟窿不可。

砰的一声枪响,小派觉得自己的肚脐眼儿里钻进了一个什么硬东西,痛得他"哎呀"一声。

黑狼收起枪,哈哈一阵怪笑:"我把这颗毒药弹打进你的肚脐眼儿,药力会慢慢地扩散到你的全身,那滋味别提有多难受啦!当你受不了的时候,你会大声叫我干爹的,哈哈……"一阵狂笑后,黑狼带着一伙匪徒走了。

突然,小派觉得渴得要命,他大声叫道:"水,水,渴死我了!"

听到小派的叫声,小黑熊用半个西瓜皮装着河水跑来了。小派捧着半个西瓜皮,一口气把水都喝下去了。他用左手抹了一下嘴角,右手把半个西瓜皮又递给了小黑熊:"我还要喝水!"小黑熊点点头,一溜小跑打水去了。小派一连喝了三瓜皮水,把肚子胀得像半个圆球。

好容易不太渴了,突然,小派又觉得全身发热,把上衣、长裤都脱了还是热。小黑熊打来清凉的河水浇到他身上,还是不成。小派这时候才明白,是打进肚脐眼儿里的红色毒药弹在发挥毒性。

必须把这颗毒药弹取出来!小派动手去抠,不成,抠不动。小黑熊力气大,想把毒药弹取出来,也没成功。怎么办?灰喜鹊在树上喳喳乱叫,自言自语地说:"大坏蛋黑狼为什么总要把毒药弹射进人的肚脐里呢?"

"这里面可有大学问,"小派忍着身上极度的难受说,"因为肚脐眼儿是人体的黄金分割点。"

"黄金分割点？黄金分割点是什么呀？"灰喜鹊听不懂。

小派解释说："从人的头顶到脚底的长度设为l，从肚脐眼儿到脚底的长度设为l'，这时比值$\frac{l'}{l}$大约等于 0.618。数学上，把一条线段能分成这样的两段的点叫作'黄金分割点'，这种分割叫'黄金分割'，把 0.618 叫作'黄金数'，灰喜鹊你明白了吗？"

灰喜鹊摇摇头说："他把毒药弹射入你身上的黄金分割点，有什么特殊作用？"

"我想，它的作用是可以使毒性更快地扩散到我的全身。"小派刚说到这儿，忽然全身冷得发抖。小黑熊立刻把小派紧紧搂在怀里，用身体给他取暖。

灰喜鹊飞到小派的肩头，说："啄木鸟是树木的医生，它的嘴坚硬无比，多硬的树皮它都能啄出一个洞来。我想让啄木鸟把你肚脐眼儿里的毒药弹啄碎，然后取出来。"

小派一琢磨，是个好主意，就强忍着寒冷，露出自己的肚脐眼儿。啄木鸟两只一组，开始啄那颗红色毒药弹。"砰、砰、砰"，一组啄木鸟累了，换上另一组；"砰、砰、砰"，这一组啄木鸟累了，再换上一组。"只要功夫深，铁杵磨成针"，这颗红色毒药弹硬是给啄碎了。啄木鸟又把啄碎的毒药弹片全都取了出来，小派立刻恢复了常态。

小派忽然灵机一动："啄木鸟，你们能不能把褐马鸡身体里的子弹也取出来？"

灰喜鹊说："它已经死啦！"

"死了也请你们把子弹给它取出来！"

"我们试试吧！"啄木鸟开始给褐马鸡取子弹，不一会儿，子弹被取出来了。说也奇怪，子弹刚被取出来，褐马鸡就噗的一声从小派手中飞了起来，啊，褐马鸡又活了！

褐马鸡十分兴奋，在地上又蹦又跳："好个黑狼，你打死了我们多少伙伴？我们褐马鸡可不是好惹的，我们有极强的战斗力。中国古代的武将，帽子上就插有我们褐马鸡的尾羽，表示英勇善斗。走，找黑狼算账去！"

梯队进攻

好斗的褐马鸡站在高处一声鸣叫，一大群红脸颊黑颈深褐色羽毛的褐马鸡呼啦啦地飞来了。众褐马鸡听说要去找黑狼讨还血债，都十分兴奋，鸣叫声此起彼伏。

灰喜鹊说："我知道黑狼的老窝在哪儿，我带你们去！"

小派忙拦住："慢着，黑狼手下有多少名匪徒我们还不清楚，他们手中都有枪，而且枪法都很准。我们这样一窝蜂地去攻击他们，恐怕会损失惨重！"

"我们要战斗，我们不怕死！"褐马鸡群情绪激昂，不听劝阻。

小派伸开双臂拦住众褐马鸡："不能蛮干！褐马鸡在地球上已经为数不多了，人们想尽一切办法保护你们，我不能看着你们去送死！"

"怕死就不是褐马鸡！勇敢的斗士们，咱们向黑狼去讨还血债，冲啊！"呼啦啦，褐马鸡群起飞了。

小派知道，现在不让褐马鸡去战斗是不可能的了，只能想办法尽量减少它们的伤亡。

小派挥舞着双手大叫："我同意你们去进攻黑狼，但要讲究进攻的策略！"

听到小派的叫声，褐马鸡都落了下来。那只死而复生的褐马鸡问："你说该怎样去进攻？"

"应该由少到多，分若干个梯队去进攻。"小派边画边说，"要把每个梯队编成三角形模样，一个角冲前，有极强的冲击力。第一梯队只安排 1 只褐马鸡，第二梯队 3 只，第三梯队 6 只，第四梯队 10 只，如此下去。"

褐马鸡都高兴极了："这队形多漂亮啊！天上的飞机也这样排队飞行！"

小派继续说："这种排法能使黑狼感到飞来的褐马鸡一队比一队多，摸不清究竟有多少褐马鸡，从而产生心理压力！"

褐马鸡高兴得又蹦又跳，一个劲儿地鸣叫。

小派说："相邻两个梯队之间要隔开一段时间进攻，不然的话，就显不出梯队的威力了。"小派心想：我让大群的褐马鸡留在后面，一旦进攻失败，还能把大部分褐马鸡保护下来。

一只褐马鸡问："我们总共有 56 只，可以编成几个梯队呀？"

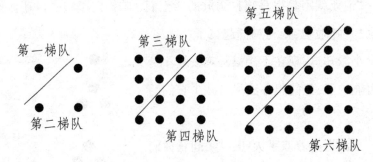

第一梯队
第二梯队
第三梯队
第四梯队
第五梯队
第六梯队

　　"这个……"这个问题把小派难住了,他低着头琢磨了一阵子。突然,小派一拍脑袋,说:"有啦!"

　　小派先画了3个正方形,然后说:"第一梯队和第二梯队合在一起,正好组成2×2的正方形,2×2=2^2;第三、第四梯队合在一起组成一个4×4的正方形,4×4=4^2;第五、第六梯队合起来组成一个6×6的正方形,6×6=6^2……这样组成的正方形都是偶数的平方。"

　　小黑熊跑过来说:"我也会算,$2^2+4^2+6^2$=4+16+36=56,哈,你们褐马鸡正好能编成6个梯队!"

　　6个三角形梯队很快就编好了。死而复生的那只褐马鸡报仇心切,争着当了第一梯队。它率先起飞,在灰喜鹊的引导下,直向黑狼的老窝飞去。

　　黑狼正和矮胖子一边吃着烤野鸡,喝着酒,一边聊着天。

　　矮胖子咬了一大口野鸡肉,边嚼边说:"现在那个叫小派的孩子正折腾呢! 一会儿冷,一会儿热,一会儿渴,一会儿饿,到头来还是要大声叫干爹救命! 哈哈……"

　　黑狼十分得意,呷了一口酒,说:"我这个绝招儿从来没失败过! 从咱们手中卖出去的孩子不下几十个,哪个敢不听话? 胖子,等把咱们手头这几只老虎、狐狸、天鹅卖出去,你再去骗几个孩子来卖……"刚说到这儿,一只褐马鸡从天而降,直奔黑狼的右眼啄去。黑狼也身手不凡,用右手遮住右眼,左手把手枪掏了出来。

黑狼虽说保住了自己的右眼,但右手被褐马鸡啄出了一个小洞,鲜血直流,痛得他哇哇乱叫。

褐马鸡缠住黑狼不放,见肉就啄,黑狼身上已有几处出血。砰的一声枪响,褐马鸡中弹了,临死前还用爪子在黑狼手上抓出几道血沟。

黑狼一直在黑森林里称王称霸,何时吃过这种亏!他恶狠狠地朝已经死去的褐马鸡连开数枪。

突然,一队3只褐马鸡飞来,向黑狼发起进攻。黑狼慌得连连开枪,枪声惊动了其他匪徒,他们也向褐马鸡连连开枪,掩护着黑狼撤退。3只褐马鸡虽然都身负重伤,但它们仍然继续战斗,直至死亡。

4队褐马鸡全都战死了,小派大喊一声:"停止进攻!已经伤亡了20只褐马鸡,不能再蛮干啦!"

与狼同笼

小派一看,褐马鸡这样进攻下去,必将全军覆没,立刻下令停止进攻。小派正低头琢磨下一步的对策,哗啦一声,黑狼的一群打手把小派围在了中间。这群打手围成一个正方形(人数分布如图)。他们个个手持武器,大声叫喊着让小派投降。

			北
3	8	1	↑
7		5	
2	4	6	

"要冲出去！"小派先向北边冲。正北边有 8 名打手，东北角有 1 名打手，西北角有 3 名打手。他们看小派朝北冲来，就立刻向中间靠拢，12 名打手站在一排，12 支枪对准小派大喊："往哪儿跑！"

小派一看向北冲不成，转身向南冲，站在南边的三伙人往中间一靠拢，不多不少也是 12 名打手。小派向东、西两个方向也做了试探，每个方向也都是 12 名打手。

"哈哈……"随着一阵怪笑，黑狼走了出来，对小派说，"你落入了我的迷魂阵。不管你往哪个方向冲，都有 12 名打手阻拦你，可是我总的人数并不是 48 个。虽然你数学不错，但其中的奥妙你是不会知道的。"

小派说："你不过玩了个三阶幻方的小小把戏。原来是用 0 到 8 这 9 个数排成 3×3 的方格图，不管你是横着加，还是竖着加、斜着加都是 12。你只不过是把各行的次序对换了一下，有什么了不起的！"说完，小派在地上写了一行算式，画了一个图：

$$1+2+3+4+5+6+7+8=36$$

7	0	5
2	4	6
3	8	1

"一共有 36 名打手，对不对？"小派这一番话，说得黑狼一愣。

"对，对！好小子，你还真有两下子！我很喜欢你，非要你当我的干儿子！"黑狼两只眼死死盯住小派。

小派坚定地回答："黑狼，你死了这条心吧！我怎么会给你这样的坏蛋当干儿子呢？"

"哼，还敢嘴硬？把他关进我的爱狼的笼子里，等我的爱狼醒来，让它教训教训他！"黑狼一挥手，上来两个彪形大汉，架着小派来到一个大铁笼子前，笼子里一只一米多长的大灰狼正趴在一边睡觉。一个打手打开笼子门，把小派推了进去。

黑狼冷笑着说："我刚给我的爱狼注射了点药品，它瘾劲还没过去。它已有两天没吃东西了，等它醒过来，可要吃你的肉。咱们先走！"黑狼带着一群打手走了。

面对这么一条大灰狼，小派心里还真有点害怕。小派心想：一个机智的少年不会等着让狼吃掉，我要想办法保护自己。

这时，两只小猴跑来，对小派说："可恨的黑狼把你放进狼笼子里，你非被咬死不可。要我们帮忙吗？"

小派想了一下，说："你们俩去找一条结实的长绳子来！"两只小猴答应一声就跑了。没过多久，它们用树棍抬来一捆绳子。小派把绳子从铁笼子两边穿进来，一头拴在大灰狼的脖子上，测好了距离，另一头拴在自己的腰上，这样把绳子拉紧后，小派和大灰狼相距约一米。小派把多余的绳子扔出铁笼外。

绳子刚刚拴好，大灰狼睁开了双眼，它一看见小派，呼的一下从地上爬了起来，两眼发出凶光，不住地嗷嗷乱叫。突然，大灰狼身子往下一低，扑向了小派。这时，绳子把小派猛地往后拖，一直拖到铁笼子角上，小派死死抱住铁栏杆。这样，绳子的一头固定了，尽管大灰狼拼命往前扑，无奈绳子已经拉紧，另一头紧勒它的脖子，它怎么也够不着小派。

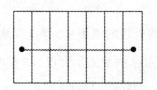 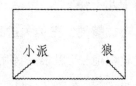

　　大灰狼急红了眼，小派仍嬉皮笑脸成心气它，慢慢地，大灰狼也发现了，自己越用力往前，拴在脖子上的绳子勒得越紧，它越喘不过气来。大灰狼往后退了两步，想喘口气再往前扑。它这样一退，小派不乐意了，赶紧向大灰狼迈了两大步，刚刚松弛的绳子立刻又勒紧了，大灰狼又感到喘不过气来。

　　大灰狼和小派在铁笼子里斗了起来，你进我退，你退我进，不管怎么折腾，大灰狼与小派的距离总保持在一米左右，小派总不让绳子松下来，大灰狼总得不到喘息的机会。小派与大灰狼的这番"表演"，两只小猴看得可高兴了。它们俩在笼子外面又蹦又跳，一个劲儿地

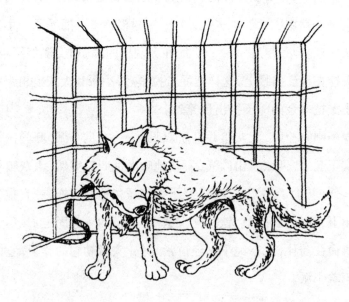

给小派加油。

一只小猴对小派说："这只大灰狼特别坏,仗着黑狼的势力,大肆捕杀各种动物,光我们猴子就叫它咬死了好几十只。"

另一只小猴说："咱们把这只恶狼勒死吧!"

小派一听,是个好主意。再一看,大灰狼也被折腾累了,机不可失,时不再来,小派对两只小猴说："我用力向大灰狼那边走,你们在笼子外面帮我拉绳子!"两只小猴答应了。

小派用足力气向大灰狼面前走,绳子拖着大灰狼往后退,没一会儿,大灰狼就被拖到铁笼子角上无法再动了。小派喊着"一、二",与两只小猴一起用力拉绳子,拴在大灰狼脖子上的绳子越勒越紧,勒得大灰狼一个劲儿地蹬腿,不一会儿,大灰狼就不动弹了。

小猴和小派高兴得跳了起来:"好啊,我们胜利喽!"喊叫声惊动了黑狼。

黑狼带着打手走过来一看,啊,心爱的大灰狼被勒死了,而小派在笼子里却安然无恙。黑狼再一看绳子的拴法,心中暗道:真是个不好斗的小家伙呀!

黑狼看见心爱的大灰狼被小派勒死了,心里非常生气,再一看小派设计的方法,又转怒为喜。黑狼说："虽然我失去了心爱的狼,但是我得到了一个聪明的干儿子,值啦!"

黑狼叫人把小派从铁笼子里放了出来。黑狼拍拍小派的肩头:"将来你替代我当黑森林的主宰,除了有好头脑,会算计,还要有好枪法。来人,摆好玻璃瓶,让这孩子练练枪法!"只见两名匪徒抬出一张一条腿的圆桌,在桌上放好4个同样大小的玻璃瓶,每个玻璃瓶下面扣着一只活蹦乱跳的小松鼠。

黑狼招了招手，4 名匪徒立刻走出来，"一"字形站好，举起手枪，每人瞄准一个玻璃瓶，"砰、砰、砰、砰"，4 声枪响，4 个玻璃瓶全都碎了，4 只小松鼠也全部被杀死。

"哈哈……"黑狼看到被射杀的小动物，发出了狂笑。小派看到小动物被残杀，恨得直咬牙。

黑狼又命令摆上 4 个玻璃瓶，每个玻璃瓶中仍各扣一只小松鼠。黑狼掏出手枪，也不瞄准，一抬手砰砰两枪，每枪都射中 2 只瓶子，4 只小松鼠也全部被杀死。

"好！""真准！"众匪徒发出阵阵喝彩声。

黑狼扬扬得意地看了看小派。他又命令匪徒再摆上 4 个玻璃瓶，下扣 4 只小松鼠。黑狼把枪递给了小派："不但要打碎玻璃瓶，还要打死瓶子里活蹦乱跳的小松鼠，打瓶子容易打松鼠难。你来试试。如果你 10 枪能把这 4 个瓶子打碎，把松鼠杀死，就很不错啦！"

小派二话没说，从黑狼手中接过枪，举枪瞄准圆桌，砰的一枪把圆桌的独腿打断了，桌面一歪，哗啦一声玻璃瓶全摔碎了，4 只小松鼠趁机都跑掉了。

小派这一枪，出乎黑狼的意料。黑狼眼珠一转，说："噢，我明白了，你长了一副菩萨心肠，舍不得杀死这些小松鼠。好，咱们换个花样，不以动物为目标。"

两名匪徒抬上一张四条腿的方桌，桌上整齐地摆好 5 行 5 列，共 25 支点燃的蜡烛。矮胖子先掏手枪，砰的一枪，最左边一行的 5 支蜡烛同时熄灭。众匪徒发出一阵叫好声。

依次又有 3 名匪徒各自打了一枪,打灭了 3 行 15 支蜡烛。接着,黑狼又打灭了最右边一行的 5 支蜡烛。这群匪徒枪法确实都够准的。

25 支蜡烛重新点着了。黑狼把枪递给小派:"如果你一枪能打灭一支蜡烛,就算你的枪法不错!"

小派有点犹豫了。蜡烛头那么小,自己绝不可能一枪就把它打灭。正为难间,小派忽然听到头顶有一只小山鹰对他说:"我可以帮你把蜡烛先扇灭。"当然,鸟兽的语言,除了小派,别人是听不懂的。

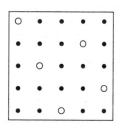

小派想了一下,说:"我在地上画个图,凡是我画圈的蜡烛你都把它扇灭。"小山鹰很痛快地答应了。

黑狼问:"你自言自语说些什么?快打呀!"

小派说:"我需要先画个图,想办法让子弹拐着弯儿走,而且我打灭了 5 支蜡烛后,你们谁也不可能再一枪同时打灭 5 支蜡烛!"说完,小派在地上画了一个图,其中有 5 个圆圈。

听到小派这番话,众匪徒都愣了,议论纷纷。"子弹会拐弯儿?"

"他打过这一枪后,别人再也不可能同时打灭 5 支蜡烛?神啦!"

黑狼当然也不信,他说:"你打一枪给兄弟们看看,也好让他们长长见识。"

小派把枪举了起来,与此同时,小山鹰从树上飞了下来,在蜡烛上面盘旋。小派故意地说:"小山鹰快飞走,以免误伤了你!"小山鹰不但不飞走,而且越飞越低。黑狼叫喊:"讨厌的山鹰,找死呀!"说完就要拿枪。不能再迟疑,小派一扣扳机,砰的一枪,小山鹰假装受伤,歪着身子往蜡烛上扑,两只翅膀左右扇动,把 5 支蜡烛扇灭了。由于这个过程是在一瞬间完成的,很难分清这灭掉的 5 支蜡烛是枪打的,还是小山鹰扇的。

小派对黑狼说:"看,我这一枪,把不在同一行的 5 支蜡烛打灭了。你们谁能再一枪打灭 5 支蜡烛,我就服谁!"

众匪徒一看,都感到奇怪,这打灭的蜡烛是一行里一支,就是斜着打,至少也要两枪才行。有的匪徒想找出一行同时点燃的 5 支蜡烛,但不管是横着找、竖着找,还是斜着找,都找不到。众匪徒不得不佩服小派的本事。

黑狼发出嘿嘿一阵冷笑,这声音似笑,似哭,似狼嚎,使人感到毛骨悚然。黑狼一抬手,叭的一枪,小山鹰应声落地。黑狼说:"跟我要这种小把戏,想骗过我?再高明的枪手也不能叫子弹拐弯!"

小派急忙跑过去,轻轻地抱起了小山鹰,眼里噙着泪水说:"小山鹰,是我害了你!"小山鹰胸部中弹受了重伤,鲜血浸湿了羽毛。它有气无力地对小派说:"你……抱着我去见黑狼。"小派抱着小山鹰慢步走近黑狼,把小山鹰托到黑狼面前。

黑狼微微一笑，问道："死了吗？"他的话音未落，小山鹰噌地蹿了起来，照着黑狼的右眼狠命地啄了一下。黑狼没有防备，立刻右眼血流如注。黑狼大叫一声，抓起小山鹰狠狠地摔到了地上。

逃离地堡

勇敢的小山鹰临死前啄瞎黑狼的右眼，黑狼一怒之下将小派打入监牢。

两名匪徒将小派架到一个地堡前，门口有一名拿枪的匪徒在看守，他从口袋里掏出钥匙打开地堡的门。一名匪徒对看守说："这名儿童可是非卖品，千万别让它跑了！你要是让他跑了，黑狼非揪掉你的脑袋不可！"

小派被推进了地堡，呀，地堡里还关着十几名儿童！这些儿童肯定和自己一样是被骗来的。小伙伴见面分外亲热，互相问长问短。小派从这些儿童嘴里知道，黑狼给他们的伙食不错，怕他们饿瘦了会影响卖出去的价钱，只是不许他们走出这座地堡。

小派忽然想起来，他跟矮胖子走之前，警察叔叔曾送给他一个纽扣样的东西，不知有什么用。他拿出来一看，这东西和一个普通的大衣纽扣没什么区别，中间有两个孔，圆圆的，只是比一般纽扣重。小派把纽扣翻到背面，见上面有一个小红点，他无意中用手按了一下，一个细微但清晰的声音从纽扣中传出来："小派吗？你好！这是一个微型对讲机，你现在情况怎么样？"

小派听出是警察王叔叔的声音,心里别提有多激动了,他把进入黑森林的经历简单汇报了一下。王叔叔夸奖他干得好,并给他布置了三项任务:弄清匪徒的确切人数和武器配备情况;弄清楚被骗走的儿童有多少,藏在什么地方;掌握黑狼贩卖毒品,残杀珍稀动物的证据。

　　小派心想:我被送进地堡里出不去,怎么了解这些情况呢?他想起了林中的鸟兽。通过地堡的小窗户,他看到窗外有一只小麻雀在地上啄食,小派央求小麻雀把小猴子找来。不一会儿,小猴子跑来了。小派给它说了一下计划,让它把看守腰上的钥匙偷来,小猴子点点头答应了。

　　小派用力敲门:"我要喝水!渴死我了,我要喝水!"

　　咔嗒一声,门开了一道小缝,一双凶狠的眼睛向里看:"喊什么?再喊我枪毙了你!"当他看清是小派要喝水,态度立刻好起来。他递进一碗水,说:"你要喝水呀?给你水,喝吧!"

　　小派接过碗,一边喝水,一边聊天:"你一个人在这儿看着我们,不闷得慌吗?"

　　"怎么不闷?闷了就抽口烟。黑狼交代的任务,不能不完成啊!"

　　"我教你玩一个'幸运者'游戏,可好玩啦!你要是能算出数字100来,三天以内必定走好运!"

　　"真的?怎么个玩法?"匪徒很感兴趣。

　　小派说:"你随便找一个自然数,将它的每一位数字都平方,也就是自乘一次,然后相加得到一个答数;将答数的每一位上的数字再都平方、相加……这样算下去,如果你能得到答数是100,我保你三天之内发大财。"

"嗯……我想到一个数85，我按你说的方法做一下。"匪徒真的算了起来：

$$8^2+5^2=64+25=89；$$

$$8^2+9^2=64+81=145；$$

$$1^2+4^2+5^2=1+16+25=42；$$

$$4^2+2^2=16+4=20；$$

$$2^2+0^2=4+0=4；$$

$$4^2=16；$$

$$1^2+6^2=1+36=37；$$

$$3^2+7^2=9+49=58；$$

$$5^2+8^2=25+64=89$$

……

这个匪徒并没有发现，这里又出现了前面已经出现过的89，他为了得到答数100，为了发大财，傻呵呵地一直算下去，算出的答案仍旧是145、42、20……

小派看时机已到，向窗外做了个手势。小猴子偷偷地绕到匪徒的身后，把地堡门的钥匙从他腰上轻轻地摘了下来。

突然，两只野兔出现在前面的草地上。活蹦乱跳的野兔惊动了这个匪徒，他自言自语地说："好肥的两只兔子，逮住它晚上烤了吃，别提有多香啦！"他刚想拿枪，又想到这里不能随便开枪，因为一开枪就表示地堡出事了。匪徒想逮活的，轻轻地向两只野兔摸去。

两只野兔好像没有感到危险的来临，仍旧在那儿又蹦又跳。当

匪徒向野兔全力扑过去时,野兔敏捷地跑开了。它们并不跑远,继续在不远的地方蹦跳,匪徒又一次扑过去,又扑了一个空。野兔引着这名匪徒越走越远……

小猴子赶紧拿出钥匙把地堡门打开,小派领着十几名儿童跑了出来,他们消失在密林之中。

匪徒扑了一身土也没能逮住野兔,骂骂咧咧地走了回来。他回想刚才做的数字游戏,仔细一琢磨:咦,怎么算出来的总是这几个数啊?我掉进了数字陷阱里了!他探头往地堡里一看,一个小孩也没有了!他再一摸后腰上的钥匙,啊,钥匙也不见了!坏了,这群小孩逃跑啦!

匪徒一边跑一边喊:"不好啦!小孩都逃跑啦!"

黑狼右眼戴着一个黑色眼罩从屋里走了出来。他嘿嘿一阵冷笑:"一群孩子想逃出去?做梦!这黑森林里处处是迷途,他们就是插翅也难飞。不过,那个小派懂得鸟兽的语言,我们要多加小心。全体弟兄,四人一组,给我向各个方向搜查,一定要把他们抓回来!"

夺枪的战斗

小派带领十几名儿童逃离了地堡。一名儿童问小派:"咱们往哪儿走?"

是啊,在这茫茫林海中,哪一条是回家的路?小派心里没底。有的说,任意乱走总能碰到一条通往外面的路;有的说,大家分成几拨,各自走自己的路。小派认为这些走法都不成,这么大的一片森林,瞎闯是很难闯出去的。大家即使不被黑狼抓住,也会饿死。

忽然,一只大山鹰飞来了。它对小派说:"我带你们走吧,我认识路……"说到这儿,大山鹰有点儿说不下去了。

小派觉得十分奇怪,忙问:"你怎么啦?"

大山鹰说:"我的小山鹰被黑狼杀死了,我要替我的儿子报仇!"

原来它是勇敢的小山鹰的妈妈,小派心里十分感动。他让大山鹰带领这十几名儿童赶快逃离黑森林。

孩子们问:"你呢?"

"我现在还不能走,有些事情还没办完。"小派看着大家走远后,返身往回走。按照警察王叔叔的布置,他还得把黑狼匪帮的人数以及罪证调查清楚。他看见地上有一行蚂蚁在忙碌地搬运着食物。

小派俯下身来问:"你们从哪儿搬来这么多好吃的?"

"从厨房搬来的。"一只蚂蚁放下食物说,"黑狼的厨房新来了一个厨师,做了好多好吃的,我们就是从那儿弄来的。"

小派看到有的蚂蚁把食物放到窝里以后，又向厨房跑去。小派跟着这些蚂蚁向厨房走去，厨房周围没有匪徒，大概都去抓逃跑的儿童了。小派溜到厨房门口偷偷地往里看，只见一名胖胖的厨师正在切肉。小派一回头，发现一只黑熊闻着香味，正向厨房走来。

小派把黑熊叫了过来，让它进去把厨师抱住。黑熊点点头，蹑手蹑脚地溜进了厨房。突然，厨房里发出嗷的一声嚎叫，接着有人喊："狗熊吃人啦！快救命啊！"小派立即走进厨房，只见黑熊紧紧地搂住了胖厨师，胖厨师吓得浑身打战。

小派问："你是厨师，一定知道黑狼这儿一共有多少人。"

胖厨师战战兢兢地说："我是……刚刚被抓来的，我……真不知道他们有多少人。"

少儿科普名人名著书系

小派看到大盆里有许多还没洗的碗,问:"这是他们刚用过的碗吗?"

"是,是,"胖厨师说,"中午我给他们做了3个菜。2个人一碗红烧鹿肉,3个人一碗蛇羹,4个人一碗清炖山鸡。黑狼单独吃,他一个菜用一个碗。"

小派数了一下,总共有68只碗,除去黑狼一个人用了3只碗以外,还剩下65只。小派心想:我可以根据这65只碗,算出一共有多少匪徒。

2个人一碗红烧鹿肉,每人占$\frac{1}{2}$只碗;3个人一碗蛇羹,每人占$\frac{1}{3}$只碗;4个人一碗清炖山鸡,每人占$\frac{1}{4}$只碗。用总的碗数除以每人所占的碗数,就是吃饭的人数:$65÷(\frac{1}{2}+\frac{1}{3}+\frac{1}{4})=65÷\frac{13}{12}=60$(人)。加上黑狼,总共61人。小派知道了匪徒的确切人数,拿出微型对讲机,向警察王叔叔做了汇报。

下一步是弄清楚这群匪徒的武器装备情况。忽然,小派听到一阵嘈杂的脚步声和叫骂声,是黑狼他们回来了。他赶紧放开胖厨师,拉着黑熊躲到厨房的后面去了。

黑狼显得异常恼怒,他大声呵斥着众匪徒:"你们都是干什么吃的?连几个小孩都抓不回来!他们人生地不熟,难道能飞上天?"众匪徒都低着头,一动也不敢动。

"他们如果逃出了黑森林,必然被警察发现。警察一旦发现我们的藏身地点,肯定会来进攻。"说到这儿,黑狼停顿了一下,倒背双手在地上踱了两步,回头命令道,"黑胖子,你速去秘密武器库,清点一下那里的轻重武器各有多少,速来汇报!"

"是!"黑胖子答应一声,转身就跑。

好机会!小派立刻跟在后面。别看黑胖子长得又黑又胖,跑起来却很快,不一会儿就把小派甩在后面,再加上林密草高,三转两转,小派就找不到黑胖子了。小派正着急,忽然觉得腰上顶上了一个硬邦邦的东西,刚想回头,就听后面有人喝道:"不许动!我以为是什么动物跟着我呢,原来是你呀!走,跟我见你的干爹去!"

"啊,是黑胖子!"没办法,小派只好被他押着往回走,没走几步惊动了草丛中的一条眼镜蛇,它直立着上身,晃动着板铲似的头部,一副要进攻的样子。小派小声对眼镜蛇说:"我后面的人刚刚吃完用蛇肉做成的菜,他要是发现了你,一定会把你打死做菜吃。你帮帮我……"小派如此这般地交代了一番。

黑胖子没看见眼镜蛇,一个劲儿地催促小派快走。突然,他觉得腿被什么东西缠住了,低头一看,是一条眼镜蛇,顿时吓坏了。他刚想用手枪打蛇,小派趁他不注意,双手紧握住手枪柄夺枪。黑胖子虽说是大人,可是也架不住人和蛇两面夹攻,枪被小派夺去了。

小派用枪捅了黑胖子一下,说:"带我去秘密武器库!"

黑胖子冷笑了两声,说:"那儿有两个兄弟把守,没有口令别想靠近仓库!"

小派想了一下,说:"这样吧,我让眼镜蛇钻进你的衣服里面。"

"啊!"黑胖子怕极啦。

秘密武器库

黑胖子听小派说要让眼镜蛇钻到自己衣服里面，顿时吓坏啦！他哆哆嗦嗦地哀求说："别钻，别钻，我最怕蛇，我投降！"

小派还是让眼镜蛇从黑胖子的裤腿钻进了裤子里。小派把手枪里的子弹拿了出来，把黑胖子身上的子弹夹搜了出来，一起扔掉，然后把手枪交还给黑胖子，说："你用枪押着我去秘密武器库，你照我说的去做，不然的话，你留神腿上的毒蛇！"

"是，是。"黑胖子频频点头。小派前面走，黑胖子拿着枪小心翼翼地在后面跟着。拐了几个弯儿，他们来到一个洞口旁，小派探头往里看，只见这个洞黑乎乎的，深不见底。

黑胖子说："往里走吧！秘密武器就在这个洞里。"小派点点头，勇敢地走进了洞中。他们在洞里拐了几个弯儿，当拐过第一个直角弯儿时，看到了微弱的灯光；再拐过一个直角弯儿，就看到了明亮的灯光。这时，忽听有人大喝一声："口令？"

黑胖子赶紧回答："狼吃羊！"两个人站住了。

小派心想：连口令都弱肉强食，真是一伙十恶不赦的坏蛋。小派一抬头，无意中看见左右两边的洞壁上挂着许许多多的蝙蝠，它们一个抓住一个形成了两个大的倒三角形。小派数了一下，一个三角形的底边由 98 只蝙蝠组成，另一个三角形的底边由 89 只蝙蝠组成。

这时，一个拿长枪的守卫走出，冲看见黑胖子点点头，说："是胖哥呀！到这儿来有事儿吗？"

"黑狼叫我把军火库清点一下，警察可能要来进攻。"

"这个小孩是干什么的？"

"这个……这个……"黑胖子不知说什么好。

小派接过话茬儿说："我是被你们骗来的小孩。"

守卫又问："有专门关押小孩的地堡，把你带到这儿来干什么？这个地方是你能随便来的吗？"

"外面嚷嚷什么？"又一名守卫从里面走了出来。黑胖子一看来了两个同伙，心里有了底气。他把手枪换为左手拿着，右手顺着蛇身摸向蛇的七寸——这个地方是蛇的要害，一旦被人握住，就会将它置于死地。

黑胖子的这些动作，小派都看在了眼里。怎么办？面前是三个持枪匪徒，我只是一个赤手空拳的孩子，硬斗是斗不过他们的。突然，小派想到洞内的蝙蝠，它们总共有多少只呢？

它们排成的形状虽然是三角形，但在计算总数时，可以按梯形面积公式来计算。由于那是个倒放的梯形，把其中一个梯形上底看作98，下底看作1，总共有98排，高就是98，这样可求出：蝙蝠数=$\frac{(98+1)\times 98}{2}$=4851（只）；同样求出另一个倒三角形的蝙蝠数：蝙蝠=$\frac{(89+1)\times 89}{2}$=4005（只）。好，合在一起共有8856只蝙蝠，这是一股不小的力量。

黑胖子一下子抓住了蛇的七寸，他大声对两名守卫说："这小孩是警察派来的奸细，快把他抓起来！啊……"刚说到这儿，黑胖子扑

通一声倒在了地上。

两名守卫端起枪，命令小派举起手来。小派在举手的同时，向蝙蝠发出了攻击命令。刹那间，近9000只蝙蝠一起从墙上飞了下来，轮番扑向两名守卫。尽管两名守卫连连开枪，但是蝙蝠太多，铺天盖地而来，两名守卫只好抱头鼠窜，跑到里面见无路可逃，就举手投降了。

小派看见黑胖子倒在地上已经死了，但他的右手还死死地握着眼镜蛇的七寸，眼镜蛇被掐死了。

小派将一名守卫捆了起来，带上另一名守卫，跟随大批蝙蝠向秘密武器库——山洞跑去。进了洞的大门，看到里面都是大大小小的木箱子，他问这名守卫："枪支弹药呢？"

守卫指着木箱子说："都在这些木箱子里。"

"总数有多少？"

"总数只有黑狼和黑胖子两个人知道。"

"你们当守卫的,难道一点儿情况都不知道?"

"我记得黑胖子在给我们讲这些枪支的来历时,曾给我出过一道题。"守卫说,"黑胖子说这些枪支是从一列军用列车上劫来的。那次黑胖子亲自带着 8 个弟兄去劫车:黑胖子抱走了军用列车上枪支的 $\frac{1}{12}$;每 7 支枪黑豹拿走 1 支;$\frac{1}{8}$ 被黑虎抱走;黑熊抱的枪支比黑虎多 1 倍;黑猫只拿走了全部枪支的 $\frac{1}{20}$;你别看黑鼠个小,他拿的枪支是黑猫的 4 倍。最后 3 个弟兄也个个不空手:黑蛇拿了 30 支,黑鹰拿了 120 支,黑狐拿走 300 支,最后还剩下 50 支枪实在拿不了啦!"

小派说:"有数就能算,数多也不怕。先求出黑胖子、黑豹、黑虎、黑熊、黑猫、黑鼠 6 个人抱走的枪支占总数的 $\frac{1}{12}+\frac{1}{7}+\frac{1}{8}+\frac{1}{4}+\frac{1}{20}+\frac{1}{5}=\frac{715}{840}=\frac{143}{168}$,剩下的占 $1-\frac{143}{168}=\frac{25}{168}$,而剩下的枪支数为 30+120+300+50=500(支),这样就可以求出军用列车上的枪支总数是 500÷$\frac{25}{168}$=3360(支),减掉没拿走的 50 支枪,这里共有 3310 支枪。真不少!"小派拿起微型对讲机,把黑狼所藏枪支总数及地点报告给警察王叔叔。

王叔叔告诉小派,围剿黑狼的警察部队已经出发,战斗即将打响,小派高兴地喊道:"黑狼的末日到啦!"

活捉黑狼

小派得知警察部队已开进黑森林围剿黑狼，心里非常高兴。他琢磨了一下，觉得黑狼一定会往这里跑，一来这里有大量武器弹药，二来这个地方易守不易攻。"我应该断了他的退路！"小派召集黑森林里的许多动物，布置消灭黑狼匪帮的任务。这些动物平日被黑狼肆意杀戮，今天听说要消灭黑狼匪帮，个个摩拳擦掌，跃跃欲试。

小派刚刚布置好任务，警察部队和黑狼匪帮就交上火了。双方打了一个多小时，黑狼这边的子弹快用完了。黑狼一招手，喊了声："往秘密武器库撤！"匪徒们边打边撤，慢慢地靠近了洞口。

在洞口前面，小派让100多只鼹鼠在地下挖出一个大陷阱，上万只黑蚂蚁在陷阱底下埋伏好，等待着"猎物"掉进陷阱中。

枪声越来越近，小派从洞口已经看到匪徒了。小派说了声："准备！"忽听"扑通""妈呀"的声音传来，5名匪徒掉进了陷阱里，上万只蚂蚁立刻扑了上去，狠咬他们。

黑狼大喊一声："留神，有陷阱！"匪徒们小心翼翼地绕过陷阱来到了洞口。小派大喊一声："出击！"埋伏在洞里的狗熊、狐狸、梅花鹿一齐冲了出去，它们或扇，或咬，或顶，匪徒们没有思想准备，吓得嗷嗷乱叫。与此同时，从树上飞下来一大群山鹰，跳下了几百只猴子，它们或啄，或抓，或挠。蛇和蚂蚁从地下进攻，形成了陆上、地下、空中三面夹攻的阵势。尽管匪徒们手中有枪，此时也不知道打谁好。警察部队追了上来,也被这里的人兽大战惊呆了。

带队的王警官高声喊道:"放下武器,举手投降!"匪徒们纷纷扔掉手中的武器,高举双手。小派也命令动物们停止攻击。这一场人兽大战,匪徒个个伤痕累累。

警察清点了匪徒人数,连死带伤总共59人。小派忙说:"不对,应该是61人。"大家仔细一查对,发现黑狼和一名叫"鬼机灵"的匪徒漏网了。

警察审讯被俘的匪徒,得知鬼机灵曾给黑狼挖掘过一个秘密通道。通道一直通往黑森林的外面,至于通道的具体位置,谁也不知道。

"一定要把黑狼和鬼机灵抓住,要斩草除根!"王警官想了想,说,"我想秘密通道肯定离这儿不远。刚才我好像看见黑狼朝这个方向逃跑了!"

小派说:"这些匪徒中,不可能一个也不知道秘密通道在哪儿,要动员他们坦白交代。"

经过做工作,一个和鬼机灵很要好的匪徒说出了一个重要情况。他说:"前几个月,鬼机灵每天晚上都出去,我问他干什么去,开始他总笑而不答,后来被我问得没办法了,便给我出了一道题。"

"一道题?"小派觉得很新鲜。

"鬼机灵对我说,他每天晚上都去一个秘密地点挖地道。地道位置是从这个洞口往南走若干米,虽然路程不远,但是中间却要休息三次。第一次走到全程的 $\frac{1}{3}$ 时,坐下来休息一会儿;第二次当走到余下路程的 $\frac{1}{4}$ 时,又休息2分钟;第三次走完再余下路程的 $\frac{1}{5}$ 时,又站着休息了一会儿，这时他总共走了240米。你有能耐就自己算吧！"这名匪徒摸了摸脑袋，说，"我一直没能算出来秘密地道的具体位置。"

"我来算。"小派自告奋勇地说，"这个问题只要先算出鬼机灵走的三段路各占全部路程的几分之几就成了．第一段走了全部路程的 $\frac{1}{3}$，第二段走了全部路程的 $(1-\frac{1}{3})\times\frac{1}{4}=\frac{1}{6}$，第三段走了全部路程的 $(1-\frac{1}{3}-\frac{1}{6})\times\frac{1}{5}=\frac{1}{10}$，三段合在一起是全部路程的 $\frac{1}{3}+\frac{1}{6}+\frac{1}{10}=\frac{3}{5}$。这样，全部路程为 $240\div\frac{3}{5}=240\times\frac{5}{3}=400$（米），好了，秘密地道从洞口往南走400米。"

两名警察立刻拿出米尺，从洞口向南量了400米，发现了一个锅口大小的洞口。这就是那个秘密通道？这么小的洞口，仅能容一个人。小派说自己个子小，往里钻容易，说完低头就要往里钻。王警官赶紧一把拉住他，说："危险！"

王警官掏出手枪朝洞内砰砰连开两枪，"砰、砰、砰"，里面突然向外连开三枪，小派吓得直吐舌头。王叔叔向洞里喊话，叫黑狼和鬼机灵投降。但是，里面只是一个劲儿地向外开枪。有人建议在洞口放上树枝，点着用烟熏，可是警察接近不了洞口，有一名警察勇敢地冲了上去，结果胳膊上中了一枪。

有人建议用火焰喷射器向洞里喷火。王警官摇摇头说："要抓活的！从黑狼那儿还能得到许多重要线索。"

既不能把黑狼打死，又不能冲进洞里抓活的，这可怎么办？

小派拍了拍大脑门儿，说："我有主意啦！"小派会动物的语言，他让蛇、蚂蚁、鼹鼠钻进洞去，把里面的两个坏蛋轰出来。

　　只见无数的蚂蚁、几十条蛇和许多只鼹鼠从洞口或地下一齐向洞里发起进攻。没过多久，就听到里面乱喊乱叫。又过了一会儿，里面喊："别开枪，我投降！"只见鬼机灵在前，黑狼在后，从洞口爬了出来，他们俩身上爬满了蚂蚁，胳膊和腿上都缠着几条蛇。

　　黑狼匪帮全部被抓起来了，被拐卖的小孩全部得救了。只是有一件事让小派非常伤心，因为他再也听不懂动物的语言了。只见百灵鸟对他叽叽喳喳，小猴子对他手舞足蹈，胖黑熊对他摇摇摆摆……小派知道，它们都是在和他道别。可是，道别的话儿是什么呢？只好由小派去猜测了。

古堡里的战斗

武士把门

小眼镜十分喜欢旅游,这不,暑假到了,他又缠着爸爸带他出去玩。爸爸被他磨得实在没办法,想起一位朋友在考古队工作,正要率队去一座神秘的古堡考察,便把小眼镜托付给了这位考古队长——赵叔叔。有这样的好事,小眼镜当然不会忘了好朋友小派,而且小派聪明勇敢,带上他去探险,准没错儿!

古堡位于大沙漠之中,小眼镜和小派合骑一匹骆驼,随着考古队向古堡进发。

快到古堡了,小眼镜和小派边走边玩,渐渐有些掉队了。这时,路上不知从哪儿冒出一个老头,他长得又高又瘦,头上缠着白布,留

着山羊胡子,右手挂着一根拐棍。

老头对小眼镜和小派说:"你们两个小孩也想去考察古堡?告诉你们,古堡里可危险了,机关、鬼怪什么都有,进去的人没有一个能活着出来!"说完就一瘸一拐地走了。

小派说:"古堡那么危险,咱俩回去吧!"

小眼镜不以为然,笑着说:"那个老头是在吓唬咱俩,没什么可怕的,咱俩先去探探路。"小眼镜背上考古用的大口袋,拉着小派向前走去。

不一会儿,前面出现了一座山,山前站着一个铜铸的武士,它右手拿着一杆铜矛,左手拿着一个大铜盾牌,腰间挂着一个箭壶,壶里装满了铜箭。

小眼镜说:"这个盾牌上有9个小方格,每个小方格里有9个小洞,共有81个小洞。"

小派也数了数,说:"箭壶里有45支箭。"

小眼镜拿一支箭往小洞里一插,正好插进去。

他说:"81个小洞,只有45支箭,这可怎么插?"他转到盾牌后面,发现上面画着三条相交于一点的线,旁边还有一些符号。

小眼镜忙问小派:"你看,这是什么意思?"

小派看了看,说:"我在书上看到过,这是古埃及的象形文字,符号∩代表10,|||表示5,合在一起表示15。"

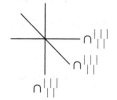

4	9	2
3	5	7
8	1	6

小派忽然眼睛一亮，说："我明白了，它让咱们这样插：不管是横着数、竖着数，还是斜着数都是15支箭。"

"这是三阶幻方呀！我会插。"小眼镜很快把45支箭都插了上去。

刚刚插完，只听哧溜一声，铜铸武士转了90°，背后露出一个洞口。小眼镜拉着小派钻进洞里。

他们不知道的是，一个老头带着一胖一瘦两个人悄无声息地尾随着他们俩，也钻进了洞里。

古棺之谜

小眼镜和小派钻进洞里一看，洞里黑漆漆的，正中间摆着一口大棺材。

小眼镜有点儿害怕，声音颤抖地说："快看，这里有一块墓碑，下面还有一个转盘。"

小派用手电筒往墓碑上一照，只见上面写着：

这里安息着国王古里图。他一生的六分之一是幸福的童年，十二分之一是无忧无虑的少年，再过去生命的七分之一，他戴上了国王皇冠，五年后新王子出生，后来王子染病，先他四年而终，只活到父亲的一半年龄。晚年丧子的国王真不幸，他在悲痛中度过了余生。

请你算一算，古里图国王活了多少岁？假如你想见到死去的古里图国王,请转动转盘,使箭头指向他活到的岁数。

小派迫不及待地说:"我想见见古里图国王。"

"你疯啦!"小眼镜瞪大眼睛说,"你不怕吗?"

"要想考古,就不能怕死人。我来算算古里图国王活了多少岁。"小派认真地在小本子上算着:

设国王活了x岁,童年为$\frac{1}{6}x$,少年为$\frac{1}{12}x$,可列出方程:

$$\frac{x}{6}+\frac{x}{12}+\frac{x}{7}+5+\frac{x}{2}+4=x,$$

$$\frac{9}{84}x=9,$$

$$x=84。$$

"哈哈,我算出来啦!古里图国王活了84岁。我来转动转盘。"小派把转盘上的指针对准84。

只听轰的一声,棺材盖自动打开了。

"我的天哪!棺材打开啦,国王要出来了。"小眼镜吓得掉头就跑。

"嘻嘻!"小眼镜听到笑声,回头一看,见小派正站在棺材里冲他笑呢。

小眼镜着急地喊:"快出来,危险!"

小派笑嘻嘻地说:"什么危险?里面是空的,只有一张古里图国王的画像。你快进来吧!"

小眼镜壮着胆子爬进了棺材。只听两人在棺材里面嘻嘻哈哈地又说又笑,过了一会儿,却一点儿声音也没了。

这时,躲在暗处的老头、胖子、瘦子三个人觉得奇怪。老头踹了瘦子一脚,恶狠狠地说:"过去看看,两个小孩在棺材里玩什么鬼把戏!"

"是!"瘦子掏出手枪,悄悄靠近棺材,探头往里一看,惊呼道,"啊,两个小孩不见啦!"

过铡刀关

老头儿眼睛一瞪,说:"不可能!我明明看见那两个小孩钻进棺材里,怎么会一转眼就没了呢?"他走近棺材,用手敲了敲,棺材底发出嘭嘭的声音。老头马上命令瘦子:"棺材底是空的,把它打开!"

瘦子一拉棺材底,底是活动的。瘦子忙说:"头儿,下面是地道!"

老头爬进棺材,说:"快下地道,追上那两个小孩!"

再来说说小眼镜和小派。他们俩顺着地道往下走,走着走着被一件放着寒光的东西挡住了去路。

"这是什么东西?"小眼镜走近一看,"啊,是一把悬空的大铡刀!"

要想继续往前走,就得从铡刀下面爬过去,这可太危险了! 必须把铡刀放下来。

小派眼尖,他指着铡刀说:"你看,铡刀上面有字。"

只见刀上画有 10 个小格子,右边墙上还有一个摇柄,摇柄下面写着几行字:

> 10 个格子表示一个十位数,它的每 3 个相邻数字之和都等于 15。算出 △ 是几,就把摇柄按顺时针方向摇几圈,铡刀会自动落下。

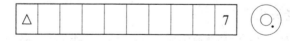

小眼镜摸着脑袋说:"7 和 △ 中间隔着 8 个空格,怎么能知道 △ 是多少?"

小派说:"它还告诉我们,每 3 个相邻数字之和都等于 15 哩!"

小眼镜问:"这有什么用?"

"怎么没用?最右边的 3 个数字之和等于 15。从右数第 2、3、4 位数字之和也等于 15，由于第 2、3 两位数字没变，所以第 4 位数字一定是 7。同样道理，第 7 位、第 10 位也一定是 7。"小派说完，在格子里填了 3 个 7。

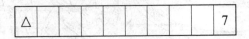

小眼镜高兴地一拍手，说："好了，△等于 7，把摇柄顺时针摇 7 下。"他刚摇完 7 下，铡刀就自动放了下来。

小派依稀听到后面传来脚步声，忙说："有人跟踪咱们，快躲起来！"两人藏到黑暗的角落。老头儿带着一胖一瘦两人从他们俩身边匆匆走过。

小眼镜说："这个老头儿挺面熟！"

小金字塔

小派回忆了一下，说："我想起来了！他是咱们刚到古堡时遇到的那个老头儿。"

"是他。他还吓唬咱俩哪！"小眼镜眼珠一转，说，"他为什么要跟着咱们呢？咱们要留点儿神！"

两个人继续往前走，越走前面越亮，原来前面是一个洞口，他们已经从洞里出来了。

小眼镜双手一摊，说："古堡走完了，咱们也没探得什么秘密嘛。"

"没有走完。"小派往前一指，说，"看，前面有座小金字塔，秘密一定藏在那里面。"

两人跑过去,围着塔转了一圈,发现小金字塔连个门儿都没有。

小眼镜失望地说:"连个门都没有,怎么进得去?"

小派想了想,说:"古里图国王是一位数学家,这小金字塔的门也一定与数学有关。咱俩先量这个小金字塔的底座吧。"

两人用随身携带的皮尺测量底座,量出底座的每边都是31.4米,是个标准的正方形。

小派说:"31.4是3.14的10倍,这3.14可是圆周率呀!"

小眼镜问:"秘密会不会藏在圆里?"

小派趴在地上算了一阵子,说:"嗯,有门儿! 如果以5米为半径画个大圆,这个大圆的周长就是 $2\pi r$=2×3.14×5=31.4(米),刚好等于底座边长。"

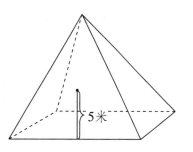

小派在金字塔底座一条边的中点摁住皮尺一头,让小眼镜拿着皮尺往金字塔上爬,量出5米。

小眼镜说:"这就是那个大圆的圆心。"他用力推圆心处(如图)的石头,可是那石头纹丝不动。

他们又换到另一条底边,向上量到5米处,小眼镜用力一推圆心处的石头,只听轰隆一声巨响,小金字塔上立刻出现了一扇大圆门。

小眼镜顺着小金字塔的斜坡滑了下来，他拍着手高兴地说："太好啦！我们找到入口了。"

小派说："这就是那个半径等于 5 米的圆。"

两个人飞快地从圆门进入了小金字塔。刚一进门，他们就吓了一跳，只见两个全副武装的士兵站在门口。

小眼镜紧张地叫道："有卫兵！"

小派冷静地观察了一下，说："不要害怕，是假人。"

正在这时，后面传来老头的声音："两个小孩已经进小金字塔了，快跟上！"

小眼镜发现了他们，眼珠一转，说："我来治治他们！"

连滚带爬

小眼镜说要治治跟踪他们的老头。

小派问："怎么个治法？"

小眼镜拿出一条绳子，两头分别系在两名士兵的腿上。系好后，小眼镜拉着小派说："咱俩先藏起来，等着看好戏吧！"

老头第一个跑了进来，由于眼神不好，他的脚被绳子绊住，咕咚一声摔了个嘴啃泥。老头这一碰绳子可不得了，两名士兵同时向前倒去，一个压在胖子身上，一个压在瘦子身上。

胖子吓得躺在地上大喊："卫兵用矛扎我，救命啊！"

老头生气地说："这是两个假人，假人怎么会扎你？快起来探探路去！"

小眼镜和小派躲在暗处，捂着嘴，不让自己笑出声来。

胖子忙爬了起来走进门内。他在里面大喊："头儿，这里面特别黑，什么也看不见。哎哟，还要下台阶哪！"

胖子一边数着数，一边下台阶："1、2，哎哟！摔死我啦！头儿，这些台阶不一样高。"

老头在外面大喊："胖子，你找一找这高矮台阶有什么规律。"

"我再试试。"胖子又往下走，"1、2、3，哎哟！又摔一跤！ 1、2、3、4、5，哎哟！摔死我啦！这是什么鬼路？"

小派和小眼镜听着胖子边走边摔跤，差点儿笑出声来。小派说："咱俩找一找这台阶的高矮有什么规律。"

小眼镜说："胖子在里面走的台阶是2低1高，3低1高，5低1高，8低1高。"

"嗯，规律是每后一个低台阶的级数等于前面两个相邻低台阶级

数之和。我把低台阶级数写出来。"小派写出:2、3、5、8、13、21……

小派说:"咱俩就按这个规律下台阶,保证摔不着!"两人手拉手,口中数着数,按着规律很顺利地下到了底层。

"咦,那三个坏蛋呢?"小眼镜警惕地向四周察看。

突然,他们俩听到一阵"啾、啾"的声音,十分可怕。小眼镜浑身一哆嗦,说:"这好像是鬼叫!"

小派笑笑说:"哪儿来的鬼呀!不要自己吓唬自己。"可他一转身,看见一个"怪物"一蹦一跳地正向他们走来了。

"啊!"小派也吃了一惊,但是他很快又镇定下来了,因为他相信世界上不存在什么鬼魂。

小派大声问:"你是什么人?"

"怪物"回答:"我就是这个古堡的主人——古里图国王。"

小派毫不客气地说:"你是古里图国王?好,我来考考你。"

真假国王

小派问那"怪物":"有个胖小偷从古堡中盗走$\frac{1}{3}$的宝物,另一个瘦小偷从剩余的宝物中盗走$\frac{1}{17}$,只给他们的同伙留下150件宝物。问:古堡中原有多少宝物?"

"古堡中原有多少宝物,我给忘了。不过,我可以算出来。"那"怪物"边说边算,"设古堡中原有宝物为1,胖子取走$\frac{1}{3}$,瘦子取走(1-

$\frac{1}{3}$)$\times\frac{1}{17}=\frac{2}{51}$，古堡中剩下的宝物有 $1-\frac{1}{3}-\frac{2}{51}=\frac{32}{51}$。古堡中原有宝

物 $150\div\frac{32}{51}=150\times\frac{51}{32}=239$

$\frac{1}{16}$（件）。"

"怪物"看着最后的答数
直发愣，自言自语地说："这
么多宝物，胖子和瘦子只给
我留下了 150 件，不成！这
$\frac{1}{16}$ 又是什么意思呢？"

"$\frac{1}{16}$ 是一只宝瓶摔碎了，只给你留下了一小块碎片。"小派说着，
朝小眼镜一挥手，"上！"

小派和小眼镜一齐扑向"怪物"，把他按在地上，揭下他的面罩。
原来，那"怪物"不是别人，正是那个坏老头。坏老头见事已败露，挣
扎着站起来，撒腿就跑。

"哈哈！"两人看到坏老头狼狈逃走的样子，觉得十分可笑。

两人手拉手往前走。小派忽然停了下来，小眼镜正诧异间，小派
用手电一照，好险！地上有一个大圆洞。

小眼镜倒吸了一口凉气："这个陷阱直径足有 4 米，这可怎么过
去呀？能跳过去吗？"

小派摇头说："不能。不能冒这个险！你看，这儿有 4 块木板，它
们都一样长。"

小眼镜拿起一块木板一试，距另一边还差 1 米。他着急地说："哎

呀,不能用!"

小派眼睛一亮,说:"我有个好主意!"

巧过陷阱

小派拿起木板,说:"咱们给它这样摆一下,就能过去了。"说着就用4块木板搭成一个"山"字形。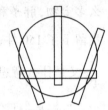

"好啦,咱俩过去吧!"小眼镜拉着小派的手,小心翼翼地踩着木板过了陷阱。

小派擦了一把头上的汗,说:"咱们赶快走吧!"

"不成!我把这块木板抽过来,让那三个坏蛋过不来。"说完,小眼镜把最靠近他的那块木板抽了过来。

不一会儿,坏老头三人追过来了。胖子发现了陷阱,忙向老头汇报。

老头眉头一皱,说:"你们俩研究一下,有什么好办法能过去。"

胖子和瘦子嘀咕了几句,瘦子对老头说:"头儿,我们有个好主意。我和胖子把您先扔过去,您过去把那块木板搭好,我们俩再过去。"

胖子笑嘻嘻地说:"头儿,您那么瘦,我们稍一用劲儿就能把您扔过去。"

老头指着瘦子说:"他比我还瘦,为什么不把他扔过去?"

瘦子忙说:"虽说我也瘦,可是我更有劲儿。我保证能把您安全地扔过去。"

老头没话可说了，他嘱咐两个手下："要扔就用劲儿扔，千万别让我掉进陷阱里。"

"头儿，您放心吧！"两人抬起了老头，"一、二、三，扔！"只听嗖的一声，老头被扔了出去。

只听扑通一声，"哎呀！"老头骂道，"你们两个笨蛋，摔死我啦！"

老头没顾上喊疼，把木板重新搭好，胖子和瘦子过了陷阱。两人搀扶着老头往前走，走一步老头就"哎哟"一声，看来摔得不轻。

走了一会儿，胖子高兴地说："头儿，前面有亮光，古堡藏宝的地方可能到了！"

老头一听，立刻来了精神，推开两个手下大步向前走去。

这一切被藏在暗处的小眼镜和小派看得清清楚楚。

小眼镜说："他们要盗取古堡中的财宝！"

小派一字一句地说："我们绝不能让他们的阴谋得逞！走，跟上他们！"

大放光明

老头向前紧走了几步,看到一个大架子。架子旁立着一个木牌,上面写着:

> 后来人,这里是我的财宝集中地。只是黑暗遮住了你的眼睛。不过,这个灯架上有8个顶点,每个顶点都有6盏油灯,在 G、A 两处点着长明灯。你要不重复地一次走遍8个顶点,点亮各顶点的一盏灯,共走6次,可把全部油灯点亮,到时你会看清楚这里的一切。注意,每次走的路线不能相同,走错了你会倒霉的!

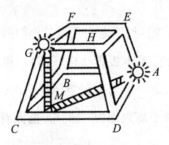

古里图国王

胖子高兴地说:"哈,咱们把所有的灯都点亮,财宝就全归咱们啦!"

老头儿眼珠一转,说:"为了点得快些,咱们分三路走。我从 B 点走,胖子从 D 点走,瘦子从 A 点走。灯没全部点亮之前,咱们不能碰面。"

"好的。"胖子和瘦子点点头就走了。

老头儿从 B 走到 C,胖子从 D 走到 C。瘦子走得快,他是奔亮的地方去,从A走到M,从M沿着梯子爬到G点,由G下到C。说来也巧,三个人又同时到了C点。

老头儿一跺脚,说:"怎么搞的,咱们这么快就碰面了?"

胖子想了一个主意,说:"甭听那个死国王的,咱们先把C点的6盏灯点亮再说。"瘦子同意胖子的意见,两人很快把C点的灯全点亮了。

说时迟,那时快,只听噗的一声,6盏灯同时熄灯,上面哗地掉下来一个大铁笼子,把三个人都罩在了里面。

小眼镜看机会来了,马上说:"三个坏蛋出事了,咱俩来点灯。"

"不能乱点,要先寻找规律。"小派蹲在地上,先设计了一张路线图。

小派说:"每次都从A点出发,到G点结束,共6条不同路线,咱俩各走3条。"(如图)

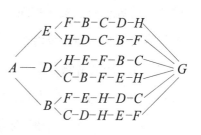

"好!按着这6条路线走,一定能成功!"小眼镜开始点灯。

开启宝箱

小眼镜和小派按照路线把灯全部点亮,整个屋子亮如白昼。

"我们成功啦!"

两个人顾不得庆祝，看见屋子里有许多大箱子，箱子上分别写着"金子""珠宝"等字样。

小眼镜要先打开写有"珠宝"的箱子。箱子上挂着密码锁，旁边有几行小字：

将 1、2、3 三个数字按任意顺序排列，可以得到不同的一位数、两位数、三位数。把其中的质数挑出来，按从小到大的顺序排好，用第三个质数的号码开锁。

小眼镜对小派说："虽然我的数学不如你好，但是这么简单的问题我还能解决。"说完，他躲在一边要独立完成。

只听小眼镜自言自语："1 不是质数，2 也不是，3 是。用 1、2、3 组成的三位数肯定能被 3 整除，它们肯定都不是质数。两位数中只有个位数为 1 和 3 的才可能是质数。这么说来，质数只有 4 个：3、13、23、31。好，开锁密码是 23！"小眼镜急忙把密码锁拨到 23。谁料想，哗啦一声，一个铁笼子从上面掉下来，把小眼镜罩在了里面。

"啊！"小派大吃一惊，他用力抬铁笼子，可是铁笼子纹丝不动。

小派问："小眼镜，你算的密码是多少？"

"23 啊！"小眼镜显得很有把握。

小派着急地一跺脚："一共可以排出 5 个质数：2、3、13、23、31。密码应该是 13 呀！"

"2？ 2 可是偶数啊！ 2 是质数吗？"小眼镜有点儿糊涂了。

小派说："质数中只有 2 是偶数，2 也是最小的质数。"小眼镜赶紧把密码改为 13，铁笼自动升了上去。

话说两头,在铁笼子罩住小眼镜的同时,罩住坏蛋的铁笼子却自动升了上去,三个坏蛋得救了。

老头见小眼镜正要打开宝箱,急得不得了,掏出手枪大喊一声:"快上!"三个坏蛋从三面包围了小眼镜和小派。

老头嘿嘿一阵冷笑,说:"这些宝箱都是我的,看你们谁敢动!"

捉拿盗贼

老头拿着手枪,胖子举着匕首,瘦子耍着木棍,从三个方向包围了小眼镜和小派,要把宝箱占为己有。

小眼镜站起来,理直气壮地说:"所有文物都属国家所有,私人不得侵占!"

"国家的?谁找到的就归谁!"老头指挥胖子和瘦子,"你们把这两个小孩给我捆起来!"

　　胖子和瘦子刚要动手,只听一声大喝:"把手举起来!"小眼镜回头一看,是赵叔叔带着几名考古队员,端着猎枪站在门口。原来,赵叔叔见小眼镜和小派掉队了,已经寻找了好久。

　　赵队长揪住老头衣领,责问道:"说,你从古堡中已拿走了多少件文物?"

　　老头想耍赖:"我拿走的物品数嘛……用这个数去除205、262、300,所得的余数相同,哼,有能耐自己去算吧!"

　　"你难不倒我们! 这个数去除三个数的余数相同,说明这三个数中任意两个数的差,一定能被这个数整除。"

　　小派说着写出几个算式:

$$300-262=38=2\times19$$
$$300-205=95=5\times19$$
$$262-205=57=3\times19$$

小眼镜也看出了门道,他说:"这个数肯定是19。坏老头从古堡中已经偷走了19件文物!"

赵队长追问:"你把文物藏在什么地方?"

老头说:"出了古堡的正门走HA步,我埋在那儿了。"说完写了张纸条递了过去,上面写着:

$$\frac{AHHAAH}{JOKE}=HA$$

赵队长接过纸条一看,双眉紧皱:"$JOKE$!玩笑?"

"对。我出的这个特殊数学式,你们想解出来,纯粹是开玩笑!"老头得意极了。

小派接过纸条,说:"是不是开玩笑,还得算算再看。我来试试!"

由$\frac{AHHAAH}{JOKE}=HA$,可得$\frac{AHHAAH}{HA}=JOKE$;

再看左边:$\frac{AHHAAH}{HA}$

$$=\frac{AH \times 10000+HA \times 100+AH}{HA}$$

$$=100+\frac{10001 \times AH}{HA}$$

$$=100+\frac{73 \times 137 \times AH}{HA}。$$

小派说:"由于HA是两位数,它必然等于73。"

老头一屁股坐在了地上,哀叹:"一切都完啦!"

赵队长下令:"把这三名文物盗窃犯押走,不能再让他们逍遥法外啦!"

后　记

　　从1978年我迈进科普写作的大门，至今已40余年了。40余年里，出版了200多本书，大约有1800万字。小品、趣谈、浅说、史话、数学家传记、数学图画、数学游戏、动画片什么都写过，但写得最多的是各种类型的数学故事。

　　我从小就爱看故事。在小学，我当了两年学校图书馆馆长，近水楼台先得月，我把图书馆里的故事书都看了。故事内容深深吸引了我，它丰富了我的知识，启迪了我的智慧，扩展了我的想象空间，最关键的是看故事不用家长、老师督促，故事本身就吸引我，我是越看越爱看，越看越上瘾，欲罢不能啊！故事是我少年时代最好的伙伴。

　　当上老师，教了数学，我发现在咱们国家，几乎人人都重视数学。那些对数学有兴趣，数学学得好的孩子备受老师和家长的重视，而对数学没有兴趣，数学学得一般或不好的占大多数的孩子却被忽视啦！

　　成功的教育应该是兴趣教育。一位教育家曾说过："不爱学习的孩子到处都有,不爱听故事的孩子却一个也找不到。"我写科普作品,不是为了少数数学尖子,也没想代替老师去讲数学课。我的目的只有一个,让孩子喜欢数学,改变认为数学枯燥无味、繁杂难学的观点。

无数的事实告诉我们,要让孩子爱学习,能主动地学习,首先要培养他们浓厚的学习兴趣。再聪明、再有天赋的孩子,如果对学习缺乏兴趣,也是学不好的。

如何培养孩子学习数学的兴趣呢?我手中的一件法宝就是故事。我把数学的思想、内容、方法融入故事中去,让小读者在读有趣的故事当中,不知不觉地就把数学的精髓渗透进自己的脑子里。

我的作品最早的读者都四五十岁了,很多人到现在还能说出他们儿时看的故事内容,这也是我最引以为傲的。

李毓佩

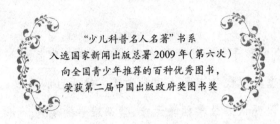

"少儿科普名人名著"书系
入选国家新闻出版总署2009年(第六次)
向全国青少年推荐的百种优秀图书，
荣获第二届中国出版政府奖图书奖

图书在版编目(CIP)数据

有理数无理数之战 / 李毓佩著. —武汉：长江少年儿童出版社，2021.7
(少儿科普名人名著书系：典藏版)
ISBN 978-7-5721-1746-6

Ⅰ.①有… Ⅱ.①李… Ⅲ.①数学—少儿读物 Ⅳ.①O1-49

中国版本图书馆CIP数据核字(2021)第101140号

有理数无理数之战 | 少儿科普名人名著书系：典藏版

出品人 / 何龙　　**选题策划** / 何少华　傅篯　　**责任编辑** / 熊利辉　　**责任校对** / 莫大伟
营销编辑 / 唐靓　　**装帧设计** / 武汉青禾园平面设计有限公司
出版发行 / 长江少年儿童出版社　　**业务电话** / 027-87679105
督印 / 邱刚　　**印刷** / 武汉中科兴业印务有限公司
经销 / 新华书店湖北发行所　　**版次** / 2021年7月第1版　　**印次** / 2021年7月第1次印刷
书号 / ISBN 978-7-5721-1746-6
开本 / 680毫米×980毫米　1/16　　**印张** / 16.75　　**定价** / 35.00元

本书如有印装质量问题，可向承印厂调换。